GIS

变电站一次设备
综合检修与
消缺技术

国网浙江省电力有限公司宁波供电公司　组编

刘鹏　主编

中国电力出版社
CHINA ELECTRIC POWER PRESS

内 容 提 要

本书主要介绍 GIS 变电站一次设备综合检修与消缺技术的相关知识和技能。全书分为基础篇和实战篇两大部分，按照 GIS 变电站一次设备的综合检修作业基础知识、检修流程、消缺技术三大能力模块 13 项任务来编写，附录则给出了实际工作中需要用到的踏勘单、综合检修工作总结模板，以及任务 6、任务 8 的检验项目。书中理论和实践相结合，图片与文字相结合，引入案例和实际情景强化理解，帮助电力行业相关技术人员理解 GIS 变电站一次设备的工作原理、维护要求和检修流程。

本书为 GIS 变电站一次设备相关技术人员提供了一套全面的技术指导和实践参考，适合电力行业工程师、技术员及相关专业的学生和研究人员使用。

图书在版编目（CIP）数据

GIS 变电站一次设备综合检修与消缺技术 / 国网浙江省电力有限公司宁波供电公司组编；刘鹏主编 . -- 北京：中国电力出版社，2024. 12. -- ISBN 978-7-5198-9451-1

Ⅰ. TM63

中国国家版本馆 CIP 数据核字第 2024N5N242 号

出版发行：中国电力出版社
地　　址：北京市东城区北京站西街 19 号（邮政编码 100005）
网　　址：http://www.cepp.sgcc.com.cn
责任编辑：穆智勇（010-63412336）
责任校对：黄　蓓　张晨荻
装帧设计：王红柳
责任印制：石　雷

印　　刷：三河市航远印刷有限公司
版　　次：2024 年 12 月第一版
印　　次：2024 年 12 月北京第一次印刷
开　　本：710 毫米 ×1000 毫米　16 开本
印　　张：10.25
字　　数：184 千字
定　　价：66.00 元

前　言

PREFACE

电力工业是国民经济的支柱和现代社会的基础设施，它不仅为工业生产提供动力，也是居民生活不可或缺的能源。作为国计民生的重要组成部分，电力工业的稳定发展直接关系到国家经济的繁荣、社会运作的高效及人民生活的便利和质量。

GIS 变电站的运行能够极大地提高电力系统的稳定性、安全性和效率，是现代电力系统中不可或缺的一部分。其中 GIS 变电站一次设备直接参与电力运输和高压电气的分配，对于保障电力系统稳定运作具有重要影响。因此做好一次设备的定期综合检修和及时消缺工作，能确保设备处于最佳状态，保障电网的稳定供电和人民生活的稳定。

本书以 GIS 变电站一次设备的综合检修与消缺技术为脉络展开编制，旨在提供系统化、标准化的指导，帮助电力行业相关技术人员理解 GIS 变电站一次设备的工作原理、维护要求和检修流程。

1. 教材结构——以能力划分模块，以任务形式交代培养能力需要掌握的知识和技能

对于教材的结构编排，纵向来看，本书由浅到深，从掌握 GIS 综合检修作业的基础知识，到了解 GIS 一次设备综合检修的具体操作流程，再到掌握 GIS 变电站的消缺技术，直观地将 GIS 变电站一次设备综合检修和消缺作业需要掌握的能力划分成三大能力模块；横向来看，每个能力模块均以任务形式展开具体的论述，读者可以根据自身的需求直接定位到相应的任务模块进行学习。

2. 内容特色——图文结合，理论和实践相结合，引入案例和实际情景强化理解

从内容表现上看，本书采用图文结合的方式，如任务 3 关于综合检修作业

工器具部分应用了专业设备的具体图片，以此帮助读者准确清晰地认识专业设备；同时对于操作性较强的部分，如能力模块三中关于 GIS 变电站一次设备的消缺作业部分，引入了具体的案例情景，基于特定的案例展开理论分析，进而引出相应的 GIS 变电站一次设备消缺处理方案，将理论和实践紧密结合在一起，使读者在模拟实际操作中深化理解，高效掌握一次设备消缺处理技能。

3. 编制目的——工具用书，为电力行业技术人员提供指导

本书的编制目的是为电力行业的相关技术人员提供一本工具用书。通过阅读学习本书，专业人员能够提高检修效率，降低设备故障率，确保电网的稳定运行，并适应电力行业技术发展的需求。同时，本书也可作为培训新员工、提升在职人员专业技能的指导手册。

本书在编写过程中得到了国网宁波供电公司运检部、变电检修中心领导及专家的帮助，在此表示感谢！同时由于时间及经验所限，书中疏漏在所难免，恳请广大读者批评指正。

编　者

2024 年 12 月

目 录

CONTENTS

基础篇

能力模块 一   GIS 综合检修作业基础知识

模块概说

随着我国经济的高速发展，对于电力的需求也越来越大，对电力系统各类设备的可靠性要求也愈加严格。在 35kV 及以上电力设备运行过程中，适时适度地对电力设备进行系统性检修改造，对于保障电网系统稳定有着重要的意义。

综合检修是各类电网设备检修工作中最具有代表性的一种检修工作，有着集中程度高、劳动强度大、涉及设备范围广、专业技术层次深等特点，是电力检修人员必修的晋级课程。

目前电力系统中，常规 AIS 变电站逐年减少，新增的增量变电站均为 GIS、半户内的变电站。相较于常规 AIS 变电站结构松散、占地面积广、设备受气候影响大、配置繁琐、基建安装时间和空间跨度大等缺点，GIS 变电站具有全面压倒性的优势。从综合检修实际来讲，GIS 变电站综合检修与常规变电站综合检修的异同点主要在于检修空间、工艺流程、施工工序等方面，其总体内容流程与常规变电站的综合检修基本相同，有着同源的概念和体系。故本书以常规综合检修概念及其各流程为基底，并结合能力模块中 GIS 变电站的实践内容编写，以求全面介绍 GIS 变电站的综合检修。

本模块通过对综合检修的全流程介绍，让读者充分了解 GIS 变电站综合检修的基础知识、标准化作业流程及常用的作业工器具，构筑 GIS 变电站综合检修全流程主体知识框架。本模块共分为五个任务：任务 1 介绍综合检修作业的基础知识；任务 2 介绍 GIS 综合检修的标准化流程；任务 3 认识 GIS 综合检修的作业工器具；任务 4 介绍 GIS 综合检修中的三层交底；任务 5 介绍常规仪器的规范使用。

模块目标

知识目标

- 掌握综合检修的基础知识。
- 掌握综合检修作业全流程概念。

- 掌握综合检修方案的编制要点。
- 了解综合检修各类作业工器具的使用原理。

能力目标

- 能够熟练安排综合检修流程。
- 能够完整编制综合检修方案。
- 能够熟练进行现场标准化作业。
- 能够正确编制综合检修工器具需求表。

任务 1　认识 GIS 综合检修作业

【任务目标】

（1）认识检修作业的分类。

（2）掌握综合检修标准化作业流程。

【任务描述】

检修工作对于电网系统来说是一种老旧设备优化、集中消除缺陷、预防潜在隐患等的常用措施，通过周期性或非周期的检修工作，可以确保在网的电气设备正常运行。

综合检修工作采用短时间多专业集中式检修的方式，对电气设备进行升级改造、检修维护、精益化检查和处理。本任务主要介绍综合检修的基本知识和标准化流程，通过学习使读者能够全面宏观地了解综合检修工作，具备独立执行综合检修任一环节任务的能力，并为后续能力模块的学习提供基础。

【知识储备】

一、综合检修作业的基本概念

（一）变电检修工作

变电检修工作是指对变电站内一次设备和辅助设施的检修和管理工作，具体包括计划管理、检修准备、现场实施、验收总结、专业巡视、标准化作业、工机具管理、人员培训、检查与考核等。

（二）变电检修的对象

变电检修的对象一般为各类电网公司的 35kV 及以上变压器（电抗器）、断路器、组合电器、隔离开关、开关柜、电流互感器、电压互感器、避雷器、并联电容器、干式电抗器、串联补偿装置、母线及绝缘子、穿墙套管、电力电缆、消弧线圈、高频阻波器、耦合电容器、高压熔断器、中性点隔直装置、接地装置、端子箱及检修电源、站用变压器、站用交流电源、站用直流电源、构支架、辅助设施、土建设施、避雷针等 28 类设备和设施。其中，GIS 综合检修的对象，特指以组合电器为主，兼有其他类设备和设施的特定综合检修。

（三）变电检修的部分概念

变电检修的工作主要包括例行检修、大修、技改、抢修、消缺、反措执行等工作，可以按停电检修范围、风险等级、管控难度等情况分为大型检修、中型检修、小型检修三类。

1. 大型检修的定义

（1）110（66）kV 及以上同一电压等级设备全停检修；

（2）一类变电站年度集中检修；

（3）单日作业人员达到 100 人及以上的检修；

（4）其他本单位认为重要的检修。

2. 中型检修的定义

（1）35kV 及以上电压等级多间隔设备同时停电检修；

（2）110（66）kV 及以上电压等级主变压器及各侧设备同时停电检修；

（3）220kV 及以上电压等级母线停电检修；

（4）单日作业人员 50~100 人的检修；

（5）其他本单位认为较重要的检修。

3. 小型检修的定义

（1）不属于大型检修、中型检修的现场作业；

（2）定义为小型检修，如 35kV 主变压器检修、单一进出线间隔检修、单一设备临停消缺等。

二、综合作业流程介绍

（一）综合检修的定义和特点

综合检修指按照规定计划时间、规定范围和规定停役方式，在集中时间内对变电站内的多种设备进行综合性检修的工作。一般来说,上述大、中型检修属于综合检修的定义范畴。

综合检修作业的特点是涉及部门多、管控协调精细、全流程互动,是一项涉及范围广、复杂程度高、管控难度大的作业流程。作为综合检修的一种,GIS 综合检修也完全符合上述特点。

(二)综合检修作业全流程

综合检修作业全流程通常包括工程前期里程碑管控,现场踏勘、施工方案编制与准备工作,现场精细作业与标准化,工作总结与检修成效四个主要环节,如图 1-1 所示。

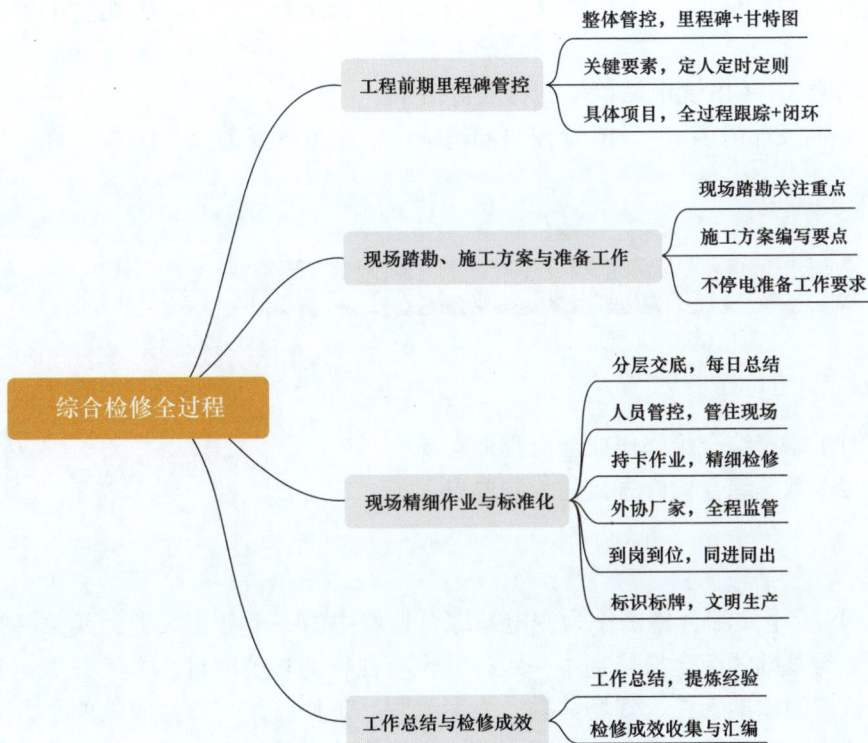

图 1-1　综合检修全流程示意图

一般性综合检修中各关键环节的特征、共性的要求及成熟的执行方式等,都会在下一任务模块中进行详细介绍,同样也会在功能模块以 GIS 变电站的综合检修为例,阐述 GIS 综合检修的核心施工工序、工艺流程等知识点。

【知识小结】

随着社会经济的发展，给电力设备的检修模式带来了新的考验，也对变电检修工作提出了新的要求。在保证电网设备安全稳定运行的情况下，综合检修作为一种新的检修模式应运而生，并不断在现场实践中完善。本任务通过对变电检修工作、检修对象的讨论，引出综合检修分类和流程，勾勒出了综合检修的作业流程图，可以帮助学习者快速了解 GIS 类综合检修的初步运行流程，有助于后期 GIS 变电站综合检修实例的开展和讲述。

【思考与练习】

问题一　变电站检修的对象包括（　　）。

A. 隔离开关　　　　B. 排水管道　　　　C. 断路器　　　　D. 组合电器

问题二　GIS 变电站检修的特点包括（　　）。

A. 涉及部门多　　　B. 管控协调精细　　C. 全流程互动　　D. 单一性

📖 任务 2　综合检修作业标准化流程

【任务目标】

（1）掌握综合检修作业全流程概念。
（2）掌握综合检修方案的编制要点。

【任务描述】

GIS 变电站综合检修作为变电站综合检修中的一个分支大类，其关键管理流程上与基础的综合检修基本一致，并没有独特的管控项目。本任务将主要从综合检修的前期管控、现场踏勘、方案编写、工作总结与检修成效四个方面详细阐述综合检修的标准化全流程，即 GIS 综合检修的标准化流程，使读者能够全面了解 GIS 变电站的综合检修工作，具备独立执行综合检修任务的能力，同时也帮助读者在后续能力模块学习时，加深对 GIS 变电站各类综合检修工作的理解。

【知识储备】

一、前期计划管控

综合检修前期计划管控的主要作用是：结合电网设备检修需求和停电时间，合理调动各类资源，制订详细计划，整体指挥综合检修工作。结合以往优秀综合检修案例，前期计划管控可采用"一表一图"（里程碑、甘特图）的管控形式，实现对综合检修工作的时间和空间上协调，达到计划可控、人员预控的目的。

（一）综合检修中里程碑、甘特图的管控

1."一图一表"的定义

"重点工作里程碑管控表"（简称里程碑），是根据检修工作特点，吸取优秀项目管理经验而制定的针对性管控措施。里程碑明确了工作内容、停电时间、人员分配、关键节点要求等工作前期全要素，是管理人员管控工程整体、班组负责人实施开展业务的重要依据。

"年/月停电计划甘特图"（简称甘特图），是为统筹考虑检修力量分配、区分不同辖区班组而制定的针对性管控措施。甘特图中标注各主要工作的开展日期，是管理人员掌握全中心检修力量分配的可视化手段。如有需要，也可采用其他形式的图表来进行前期的管控。

2."一图一表"的建立与流转

以国网浙江省电力有限公司宁波供电公司（简称国网宁波供电公司）为例（以下内容均以此为例），年度里程碑与甘特图，应在年度停电计划定稿后、12月1日前完成编制、发布，指导班组提早分配综合检修等大型工作的主要负责人员；月度里程碑与甘特图，应在每月15日前随月度检修计划、月度专项工作计划一同下发，指导班组开展具体工作。

其中里程碑表应包括以下内容：

（1）停电时间与各专业具体工作内容；

（2）明确每个项目的分管领导、技术室主管专职、总负责班组（及人员）、其他班组（及人员）；

（3）踏勘、方案、班前会等关键流程时间节点；

（4）初步定级作业风险，预估外协人员需求。

月度里程碑管控表模板见图2-1（注：图中保留现场名称，如主变表示主变压器、压变表示电压互感器，后同）。

序号	单位	工作地点	设备名称	主要工作内容	停电日期	复役日期	停电天数	主管领导	主管技术员	主编班组	参与班组	踏勘时间	方案初稿时间	班前会时间	预估消缺人数
				变电检修中心9月主要工作里程碑管控表（注：主管技术员栏中加粗之人为整体项目牵头人）											
1	变电检修中心	富强变	220kV副母线、#2主变、富民1001线	各间隔副母闸刀检修、C检	2021/10/26	2021/10/28	3			变电检修一班	变电二次运检一班、电气试验一班、变电检修四班	8月12日	9月15日		
			220kV正母线、#2主变、富民1001线	各间隔正母闸刀检修、C检	2021/10/29	2021/10/30	2								
			220kV副母线、#1主变、富主1002线	各间隔副母闸刀检修、C检、宁曲线保护改造、CT更换	2021/10/31	2021/11/1	2								
			220kV正母线、#1主变、富主1002线	各间隔正母闸刀检修、C检、宁曲线保护改造、CT更换	2021/11/2	2021/11/3	2								
2	变电检修中心	文明变	220kV副母线、文山1005线、明主1004线、明和1005线	副母闸刀检修、#1主变保护改造、220kV第二套母差改造、明主1004线CT更换	2021/11/25	2021/11/29	4			变电检修一班	变电二次运检一班、电气试验一班、变电检修四班	8月17日	9月21日		
			220kV副母线、#2主变、强主1006线	副母闸刀检修、#2主变保护改造、220kV第二套母差改造、C检	2021/11/29	2021/12/1	2								
			220kV副母线、文主1007线、文山1008线	副母闸刀检修、220kV第二套母差改造、C检、文山1008线CT更换	2021/12/2	2021/12/4	3								
3	变电检修中心	民主变	220kV副母线、#1主变、民明2P01线	副母闸刀检修、#1主变保护改造、220kV第一套母差改造、CR检、民明2P01线CT更换	2021/11/11	2021/11/14	4			变电检修二班	变电二次运检二班、电气试验一班、变电检修四班	8月20日	9月25日		
			220kV副母线、#3主变、主明2P02线	副母闸刀检修、220kV第一套母差改造、C检	2021/11/15	2021/11/17	3								
			220kV副母线、#2主变、主明2P03线	副母闸刀检修、#2主变保护改造、220kV第一套母差改造、C检	2021/11/18	2021/11/20	3								

图 2-1 月度里程碑管控表模板

年/月甘特图应在年/月停电计划制定初期即建立，用于辅助计划专职根据检修力量实时调整停电计划，随年/月停电计划定稿而定稿。除停电计划外，甘特图还应重点关注并包含以下内容：

（1）充分考虑检修力量是否充足，包括但不限于各专业人员、特种机械（如升高车）、特种人员（电焊工）；

（2）区分不同管辖区域班组，考虑班组间工作调整、支援；

（3）考虑电气试验班、变电起重班等管辖全市范围的特殊专业班组；

（4）考虑大型基建配合、大型验收工作内容。

年度、月度综合检修甘特图示意见图 2-2 和图 2-3。

（二）人员分配及人员承载力分析

综合检修中，各级人员合理分配形成临时检修组织结构。一般采用"主管领导—主管专职—总负责人"三级模式。各级人员在综合检修关键时间节点履行各自职责，兼顾参与人员的日常业务。

1. 人员分配原则

（1）分管领导确定原则和职责。

确定原则：变电检修业务单位按照日常业务、专业隶属、执行班组熟悉程度等因素，统筹考虑专项工作与领导工作承载力，综合形成分管领导的关联度顺序，优选出合适的分管领导，在里程碑中予以确定。

职责：分管领导负责整体综合检修项目监管；负责检查主管专职与各专业班组负责人是否按要求推进工作、"三措"是否合理到位、各专业班组人员安排是否合理；负责确认各协调事项是否完成；对综合检修整体负总责。

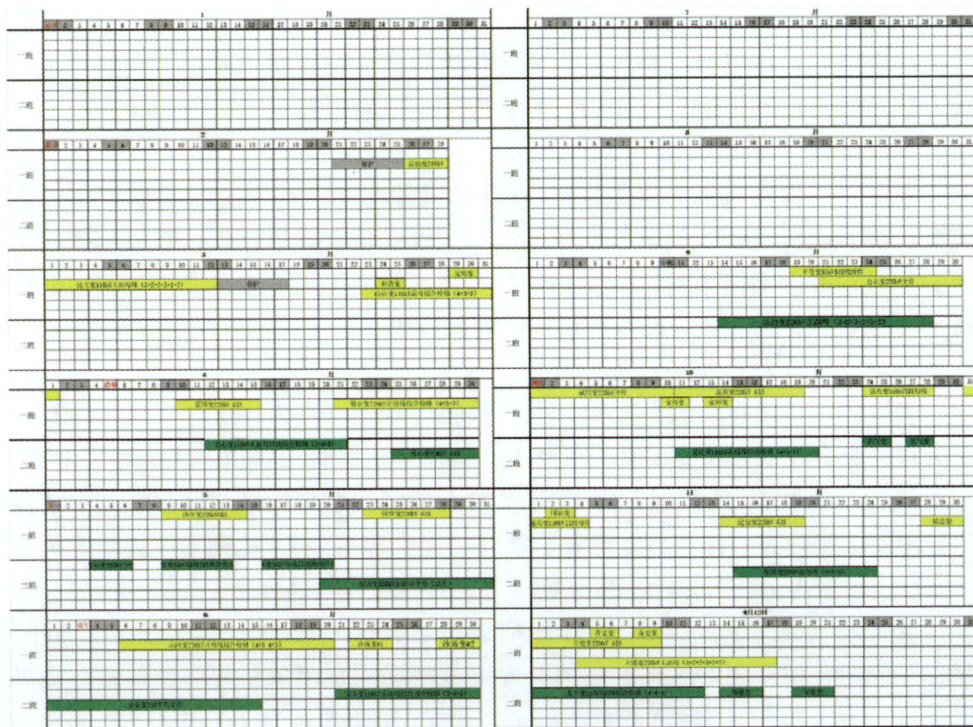

图 2-2　年度综合检修甘特图示意

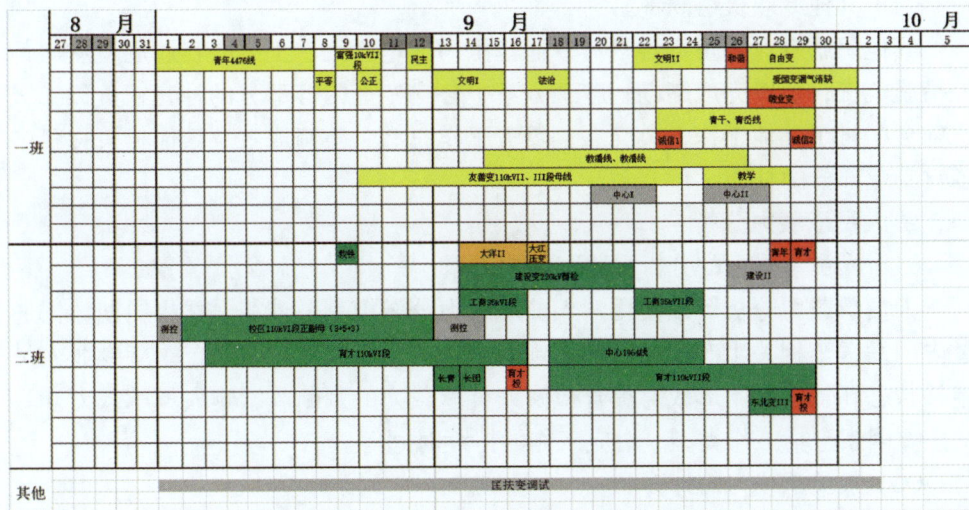

图 2-3　月度综合检修甘特图示意

红色—基建投产；橙色—县公司支撑；灰色—结合开展；黄色——班区域；绿色—二班区域

（2）主管专职确定原则和职责。

确定原则：应以该综合检修主要工作内容与实施班组为基础，统筹考虑主管专职承载力；确定主管专职后，配合专职优选有联系的另一专业（一次、二次、电气试验专业）。

职责：主管专职负责整体综合检修项目管控；负责"踏勘、各级评审、班前会、检修遗留问题"关键节点执行情况记录；负责提早介入、管控相关班组施工方案、准备工作进度；负责协调各专业班组交叉面、工序安排；负责汇总技术室各专职意见，做好技术室与班组间的沟通。

（3）总负责人的确定原则和职责。

确定原则：根据一次、二次、电气试验各专业特点，一次与电气试验专业人员作为综合检修总负责有其先天优势。从作业班组骨干队伍中优选履历丰富、专业扎实、动手能力强、心理素质过硬的人员担任综合检修总负责人；或结合工程主要工作内容、作业班组检修承载力，选取 30%~50% 比例的项目，选派优秀二次、运检人员作为综合检修总负责人，着力培养其综合管控和协调能力。

负责人职责：综合检修中主班组应设置总负责一人、技术负责一人，共同配合完成综合检修全期工作。总负责人负责踏勘问题记录、踏勘表编制；负责牵头施工方案编写，并履行编、审、批流程；负责班前会上方案介绍、交底、问题记录；负责综合检修后工作总结与检修成效汇编、上报；技术负责人负责其他综合检修相关材料编写、上报。

（4）其他专业班组职责。

其他班组专业分负责各自对专业范围内停电方案、工作内容、危险点与预控措施负责；负责完成踏勘、施工方案中各自专业内容部分的补充；负责二级班前会向班组其他工作人员交底；负责工作总结、检修成效及其他相关材料中各自专业部分的补充。

2. 人员承载力分析

（1）人员承载力的分析方法与影响因素。

人员承载力分析可以使用"人员承载力分析模型"计算，并将周期数据通过内网发送至相关生产领导，辅助判断工作的紧密程度，并结合季度专业人员精神状态评估，共同形成对综合检修人员承载力的判断。影响人员承载力计算的主要因素包括工作类型、对应工作的持续时间等。

（2）人员承载力的计算。

计算时，通过数据调查，比例抽取统计的方式，将工作的主要类型进行归纳，分别赋予其对应的工作系数（见表 2-1）。对应工作的持续时间从统一数据库内自动获取，基础数据来源为班组历史月度工作计划，计划专职本月计划以及调度专职下周预排工作计划，现列举一计算模型，方便读者理解。其中，各项基础数据以周计划表（见图 2-4）为准。

表 2-1　　　　　　　　　　工作类型系数（示例）

序号	工作类型	类型系数 K_l	备注
1	周末工作	1.5	所有工作类型
2	C 检	1.2	预试、校验
3	小型工作	0.8	改定值、取油样
4	大型综合检修	1.6	更换、改造
5	单一消缺	1	消缺（单一）
6	集中消缺	1.2	消缺（复杂、多个）
7	…	…	…

工作地点	工作内容*	开始工作时间	结束工作时间	工作班组	工作负责人	工作人员
富强变	#2补偿所变改开关及所变检修：#2补偿所变及消弧线圈改造	2024-07-01 09:00	2024-07-22 18:00	(*)变电检修一班		
富强变	不停电：#2补偿所变及消弧线圈技改，土建施工，新设备安装调试	2024-07-03 09:00	2024-07-18 18:00	变电检修一班		
405会议室	会议：缺陷分析会，14点开始	2024-07-08 09:00	2024-07-08 17:00	技术室，变电检修一班，变电检修二班，超高压检修一班，变电二次运检二班，变电二次运检一班，变电二次运检四班，电气试验二班		
民主变	#2电容器改开关检修：#4电容器改开关检修：#2、#4电容器开关维修	2024-07-08 09:00	2024-07-08 17:00	变电检修一班		
文明变	沙明1001线改开关及线路检修：沙明1001线副母间刀具处理，间隔消缺	2024-07-08 09:00	2024-07-08 18:00	变电检修一班		
和谐变	#3电抗器改电抗器检修：#15电抗器改电抗器检修：#3电抗器、#15电抗器中性点开关更换、间隔消缺。	2024-07-08 09:00	2024-07-12 18:00	(*)变电检修一班，变电检修四班，变电二次运检一班，电气试验一班		
民主变	#1电容器改开关检修：#3电容器改开关检修：#1、#3电容器开关维保	2024-07-08 09:00	2024-07-08 17:00	变电检修一班		
自由变	不停电：城中心专项保电变电站专业化巡视	2024-07-09 00:30	2024-07-09 18:00	变电检修一班，(*)变电二次运检一班		
平等变	3号补偿所改所变检修：3号补偿所变室内墙面处理。	2024-07-09 08:00	2024-07-09 18:00	变电检修一班		
公正变	#2电容器改开关检修：#4电容器改开关检修：#2、#4电容器开关维修	2024-07-09 09:00	2024-07-09 17:00	变电检修一班		
法治变	#5电容器开关及电容器检修：#5电容器开关柜修复，电缆更换	2024-07-09 09:00	2024-07-12 18:00	变电检修一班		
公正变	#1电容器改开关检修：#3电容器改开关检修：#1、#3电容器开关维保	2024-07-09 09:00	2024-07-09 17:00	变电检修一班		
爱国变	#2电容器改开关检修：#4电容器改开关检修：#2、#4电容器开关维修	2024-07-10 09:00	2024-07-10 17:00	变电检修一班		
敬业变	敬爱3001线改开关及线路检修：敬爱3001线改开关及线路检修：业梅31K7、业普31K2间隔投产前预试、维护、保测校验、消缺、反措、精益化检查与整改，保护改定值，三遥对点	2024-07-10 09:00	2024-07-10 18:00	变电检修一班，变电二次运检一班，(*)电气试验一班		
爱国变	#1电容器改开关检修：#3电容器改开关检修：#1、#3电容器开关维保	2024-07-10 09:00	2024-07-10 17:00	变电检修一班		
诚信变	不停电：城中心专项保电变电站专业化巡视	2024-07-11 09:00	2024-07-11 18:00	变电检修一班，(*)变电二次运检一班		
友善变	#3电容器改开关检修：#3电容器开关维保	2024-07-11 09:00	2024-07-11 17:00	变电检修一班		
教学变	待用P102线改检修：待用P102线间隔预试、维护，保护测控校验，消缺、反措、精益化检查与整改，改命名，保护改定值，三遥对点	2024-07-11 09:00	2024-07-11 18:00	变电检修一班，变电二次运检一班，(*)电气试验一班		

图 2-4　周计划（图中 * 表明是检修总负责人所在班组）（一）

友善变	#4电容器改开关检修：#4电容器开关维保	2024-07-11 09:00	2024-07-11 17:00	变电检修一班	
青年变	不停电：城中心专项保电变电站专业化巡视	2024-07-12 09:00	2024-07-12 17:00	变电检修一班,(*)变电二次运检一班	
建设变	不停电：城中心专项保电变电站专业化巡视	2024-07-12 09:00	2024-07-12 17:00	变电检修一班,(*)变电二次运检一班	
郊区变	#1电抗器改电抗器检修：#1电抗器中性点开关储能电机一直空转，储能复位弹簧螺栓断裂，无法储能处理。	2024-07-12 09:00	2024-07-12 18:00	(*)变电检修一班,电气试验一班	

图 2-4 周计划（图中 * 表明是检修总负责人所在班组）（二）

计算平均工作量：

上月总工作量为

$$D_a = \sum \left[K_d \times D_1 \left(对应工作天数 \right) \right]$$

本月截止目前工作量为

$$D'_a = \sum \left[K_d \times D'_1 \left(对应工作天数 \right) \right]$$

下周预计工作量为

$$D_w = \sum \left[K_d \times D'_w \left(对应工作天数 \right) \right]$$

承载力计算公式如下：

上月承载力为

$$F = \frac{D_a}{D_d}$$

本月承载力为

$$F' = \frac{D'_a}{D'_d}$$

下周承载力为

$$F_w = \frac{D_w}{5}$$

综合承载力为

$$F_r = 0.3 \times F + 0.5 \times F' + 0.2 \times F_w$$

注：（1）F 表示上月班组承载力计算值，F' 表示本月班组承载力计算值，F_w 表示下周承载力计算值，$F_w = D_w/5$ 表示班组的综合承载力。

（2）D_d 表示上月总工作日，D'_d 表示本月截止到目前总工作日。

通过调研，科学合理地安排承载力区分度，将量化指标进一步拓展成轻载、重载、满载、超载结论。

典型的承载力分级矩阵如表 2-2 所示。

经过计算后，以班组为单位形成承载力分析数据库，在综合检修的工作安

表 2-2　　　　　　　　　　承载力分级矩阵（示例）

序号	上月承载力或本月承载力	下周承载力或综合承载力	等级
1	≤ 50%	≤ 50%	轻载
2	50%（含）~70%（含）	50%（含）~75%（含）	标准

续表

序号	上月承载力或本月承载力	下周承载力或综合承载力	等级
3	70%（含）~80%（含）	75%（含）~90%（含）	重载
4	80%（含）~95%（含）	90%（含）~100%（含）	满载
5	≥ 95%	≥ 100%	超载
6	…	…	…
7	…	…	…
8	…	…	…

注　可以根据实际情况对分级矩阵进行调整，原则上不允许长时间处于满载及超载情况。

排时，合理安排综合检修人员，形成人力资源的优化配置。

同时，采用管理提效、典型经验总结、技术革新等方式，探索降低综合检修人员承载力的新途径；在综合检修及其他检修工作完成后，结合实际工作情况，实时动态调整工作系数，形成反馈机制，促进综合检修人员配置的进一步优化。

二、现场踏勘

根据里程碑表组织踏勘，踏勘时分管领导、技术安监管理人员、各专业班组人员、特种车辆驾驶员（按需）、运维人员均需参加；因工作需要，可组织多次踏勘；现场踏勘应确认停电方式、工作内容、主要危险点，核对系统缺陷、反措隐患与一站一库问题，详尽记录现场设备布置情况（拍照留底）。

其中，如图 2-5 所示，应当重点关注以下内容。

施工进程预演
专业配合、吊机升高车使用、高压试验与保护传动交叉作业、不停电准备工作

确认工作内容、停役方式

典型危险点分析
相邻带电、高空跨线带电；误跳运行设备；吊机、升高车、高压试验、二次欢动交叉作业

分析危险点与预控措施

核对图纸，记录间隔屏位布置

记录现场
场地间隔布置，保护屏位布置，高空跨线情况，二次电流电压回路、出口跳闸回路

现场踏勘关注重点

定置定位图
吊机、升高车、履带式吊机、履带式升高车、检修电源箱、检修集装箱、大型设备

特种车辆及物资定置定位

核对缺陷、反措、一站一库

核对问题
兼顾设备主任专项巡视记录、指挥中心"设备负面清单"，确认备品、厂家需求

物资需求
线夹、导线、螺栓、空开、继电器等一二次元器件；检修电源箱、特种工器具

记录、核对所需备品、耗材

图 2-5　综合检修踏勘重点关注事项

（一）确认停役方式与工作内容，预演施工进程

踏勘时，应现场确认不同阶段设备停役方式与主要工作内容，预演各专业现场施工进程，考虑前后工序专业协作安排等事项；对同一场地存在交叉作业的不同工种，根据实际工作需要初步商定计划安排。典型需考虑以下几方面整体安排：

（1）主设备更换（大修）涉及多个专业班组，应统筹考虑一次吊装、二次拆接线、电气交接试验、整体调试、引线更换等工序实施班组与各班组其他设备常规 C 检 ❶ 之间的工作安排。

（2）有限场地内吊机、升高车不同时间进场作业安排，并考虑不同专业班组工作内容对升高车使用需求。

（3）电气试验、二次传动时影响其他工作，与其他工作之间的协调安排。

（4）不停电工作安排，主要涉及需提早完成地面组装、交接试验、二次电缆施放及新屏安装等设备更换工作。

（二）核对一、二次图纸，记录现场间隔与屏位布置

踏勘时，应现场核对一、二次图纸与实际设备、接线是否一致，特别针对电流回路串接情况、工作屏柜电压回路、出口跳闸回路进行详细检查确认，确认是否需陪停相关一、二次设备。

踏勘应记录场地中一次设备各间隔布置顺序，对特殊布置情况进行现场确认，特别关注母联断路器间隔、母线电压互感器间隔；应核对主变压器、母联等间隔上方高处跨线连接情况。针对 GIS 设备，还应记录各接地开关引出端布置情况、气室分布情况。

踏勘应记录继保室保护屏位布置情况，针对综合检修需开展工作的屏位，应特别关注其两侧及对面运行屏位、同屏运行设备情况。

（三）核对缺陷、反措隐患及一站一库问题

踏勘时，应以一站一库中"缺陷""反措隐患""其他问题"等各模块内

---

❶ 在电网中，设备的检修工作通常根据工作性质、内容及工作涉及范围被分为不同的类别，这些类别被称为检修级别或类型，主要可分为四类：A 类检修、B 类检修、C 类检修、D 类检修。其中 A、B、C 类是停电检修，D 类是不停电检修。A 类检修是指设备的整体解体性检查、维修、更换和试验。B 类检修是指设备局部性的检修，部件的解体检查、维修、更换和试验。C 类检修是对设备常规性检查、维护和试验。D 类检修是对设备在不停电状态下进行的带电测试、外观检查和维修。

容为主，兼顾设备主人专项巡视记录和指挥中心"设备负面清单"，完成现场核对。

踏勘现场应确认设备消缺方案与备品、外协厂家需求；针对疑难缺陷，必要时组织专题分析。确保停电方位内缺陷应消尽消、反措隐患及时治理。

（四）记录、核对所需备品、耗材

踏勘时应现场确认设备检修（消缺）所需备品、耗材，杜绝综合检修临时提出采购需求。重点关注：

（1）设备线夹、导线、间隔棒、过渡板、铜排、螺栓等一次零部件。

（2）二次插件、继电器、辅助开关、切换开关、端子排、空气开关、指示灯等二次元器件。

（3）特殊型号绝缘梯、履带式升高车、临时检修电源箱等特殊专项工器具。

（4）预估其他常用耗材数量。

（五）考虑特种车辆及物资定置定位

踏勘时，应关注并确认工作需要的吊机、升高车、履带式吊机、履带式升高车等特种车辆的定置定位和就位路径；确认施工场地内检修电源位置；确认检修集装箱和检修工具平台的放置位置；确认待用新设备和大件物资临时摆放位置。

各定置定位应完成初步设计，合理布置，以减少施工人员频繁穿插和施工机械长途距离，最大化利用检修空间、合理规避带电部位。

（六）预分析施工危险点与控制措施

踏勘时，应开展施工危险点预分析，并考虑对应控制措施。重点应关注：

（1）场地中相邻带电间隔、高处跨线带电引起的吊装/升高车作业风险。

（2）主变压器/母线保护、BZT/负荷转供装置、故障/低压解列装置误跳运行设备风险。

（3）各专业交叉作业风险。重点关注吊机吊装、升高车作业、高压试验、二次传动作业带来的交叉点。

（七）填写现场踏勘记录卡

踏勘完毕，应整理踏勘资料，及时填写踏勘记录，详见附录A。

三、方案编写

施工方案应包含方案概述、编制依据、作业内容、组织措施、人员分工、安全措施、技术措施、物资采购保障措施、进度控制保障措施、验收工作要求十项主要内容。

（一）方案概述

综合检修的主要内容应包含变电站名称、实施单位、工作时间、工作地点、工作内容、作业风险等级以及相应电网风险等级。

综合检修的要求：

（1）工作时间应包含不停电时间和停电时间。

（2）作业风险（包括倒闸操作风险）应依据《国家电网有限公司关于进一步加强生产现场作业风险管控工作的通知》（国家电网设备〔2022〕89号）（简称89号文）、《国网设备部关于进一步强化生产现场作业风险防控的通知》（设备技术〔2022〕75号）（简称75号文）说明等级。

（3）应明确实施单位及分工情况，若有监理单位或大件运输单位参与，需单独列出。

（二）方案编制依据

（1）内容：应包含相关规程、规定、现场踏勘记录、一站一库、图纸等相关文件。

（2）要求：应包括国家电网有限公司关于进一步加强生产现场作业风险管控、国家电网有限公司安监部关于进一步加强反违章工作等安全管理类文件，以及本工程涉及的其他相关技术及工程管理类文件。特别注意引用文件版本应为最新版本。

（三）作业内容

1. 检修必要性

（1）内容：应包含工程实施的具体原因和必要性分析。

（2）要求：

1）实施的具体原因应说明隐患治理、反措整改、周期性检修等具体整改依据；

2）必要性分析应系统、全面、逻辑清晰；

3）针对 A、B 检的主设备，应附带简要的设备台账信息。

2. 工作任务

（1）内容：应包含工作内容、工作时间、停电范围、参检单位、工序风险定级、风险防范措施及到岗到位要求，若涉及多个作业面，应分作业面描述。

（2）要求：

1）工作时间安排应包含停电时间和不停电时间；

2）停电范围应明确该工作涉及的所有停电设备；

3）应以表格形式明确工作内容、工作时间、停电范围，针对高风险工序和其他关键工序需明确其工序风险定级、风险防范措施及到岗到位要求；

4）对于涉及多作业面或重大工程的检修作业，必要时按作业面或重大工程分别编制方案，作为附件与检修方案一起审批。

（四）组织措施

组织措施设置原则如下：

（1）Ⅰ、Ⅱ级作业风险或其他本单位认为重要的检修工程应成立领导小组、工作小组、现场指挥部；Ⅲ级作业风险或其他本单位认为较重要的检修工程应成立现场指挥部。

（2）两个及以上专业（如生产与基建、变电与输电、主网和配网等）、单位参与的改造、扩建、检修等综合性作业（二级及以上作业），应成立由上级单位领导任组长，相关部门、单位参加的现场作业风险管控协调组。现场作业风险管控协调组应常驻现场督导和协调风险管控工作。

（3）对于复杂的生产大修和运维检修项目，参照《关于下发生产技改三个项目部建设指导意见的通知》（浙电设备字〔2019〕36 号）设置业主项目部（可与现场指挥部合署）、施工项目部及监理项目部。

（五）各单位分工及人员安排

1. 总体安排

（1）内容：本工程所有参与单位，包含外包单位、厂家、监理单位等。

（2）要求：应说明各参与单位的工作内容。

2. 人员安排

（1）内容：应包含主要负责人及工作人员数量。

（2）要求：应明确各作业面工作负责人、专责监护人、大件运输负责人，并确认变电检修专业人员、电气试验专业人员、二次专业人员、厂家人员、外协人员等数量。

以任务 8 为例，其主要任务分工形式如下：

现场总指挥：肖 ××

现场技术负责人：徐 ××、徐 ××

变电检修班周 ×× 总负责。

变电检修班负责一次部分，张 ×× 负责，工作班成员 8 人。

电气试验班负责试验部分，林 ×× 负责，工作班成员 6 人。

继电保护班负责二次部分，金 ×× 负责，工作班成员 4 人。

总计：工作班成员 30 人，其中厂家人员 4~6 人，民工 4 人。

（六）安全措施

风险分析应根据现场勘查、图纸、停电范围、作业人数、设备状态、天气情况等因素，分析工程全过程存在的风险点，并根据风险分析结果制定针对性安全措施。

1. 风险分析

（1）内容：应包含各作业面的作业风险等级及作业中涉及的具体风险，如大型设备吊装、近电作业、有限空间作业、高处作业、机械伤害、环境污染、火灾等风险。

（2）要求：应参照 89 号文及 75 号文的"作业风险分级表"和"检修风险工序库"，特别注意不能原搬照抄，要充分考虑现场实际情况制定，体现针对性。

2. 专项预控措施

（1）内容：应包含不同作业面的差异化安全措施或工作中需要特别采取的专项安全措施，重点强调针对性，细化内容可以在专项施工方案或作业面子方案中体现。

（2）要求：

1）明确本次检修工作中人身、工器具、特种车辆与相邻带电设备的最小安全距离，核算是否满足规程要求；

2）明确本次检修工作中需挂设的工作接地线和禁止操作的安全措施（简称安措）隔离开关；

3）涉及起重作业应明确操作人员和指挥人员资质、吊机型号、吊带重量核算、吊机行进路线（从变电站进门开始）和作业位置，结合吊机旋转半径核算臂架、吊具、辅具、钢丝绳及吊物等与带电体的最小安全距离，邻近带电设备的登高车作业参照执行；

4）涉及大型充油设备、GIS 设备内检、电缆井、电缆隧道、电缆沟及污水井等作业，应包含有限空间作业专项危险点及预控措施，包括有限空间内气体含量检测工序、人员配置是否设置监护人、工器具清单是否配置安全防护装备等；

5）交叉作业时需采取相应安全措施，包括二次传动时的现场监护要求、耐压试验时的二次安全措施卡和人员管控措施等；

6）其他需采取的专项安全措施。

3.其他通用措施

（1）内容：应包含工作中普遍涉及的通用性安全措施。

（2）要求：

1）包括标准化检修现场、人员及机具管理、三级安全交底、检修电源管理、高处作业、动火工作、急救药箱等要求；

2）明确与本工程作业类型相关的反违章工作要求；

3）其他需采取的通用安全措施。

（七）技术措施

1.专项预控措施

（1）内容：应包含不同工序中的差异化工艺管控措施或工作中需要特别采取的专项技术管控措施，重点强调针对性，细化内容可以在专项施工方案或作业面子方案中体现。

（2）要求：以《国家电网有限公司五通》细则、89号文、75号文、作业指导书、执行卡等为编制依据，结合现场实际情况，对检修工作中涉及的高、中风险工序列明针对性工艺管控措施。

2.其他通用措施

（1）内容：应包含工作中普遍涉及的通用性技术管控措施和管理要求。

（2）要求：

1）包括工程实施前的组织和管理措施、现场开工前的技术交底、作业过程中的作业执行卡执行要求及工作完毕后的验收要求等；

2）对于检修现场可能发生的突发情况，需要制定相应管控措施，避免影响施工进度；

3）其他需采取的通用技术措施。

（八）物资采购保障措施

（1）内容：应包含现场备品备件、物资库存情况，体现定人、定时、定物。

（2）要求：

1）根据检修工作内容列明所需物资清单，其中库存物资需明确储存位置，缺口物资应制订采购计划，每项物资都需要由专人负责、提前到位，详细内容可以附表体现；

2）制定物资检查措施，确保质量、数量能满足工作需要。

（九）进度控制保障措施

（1）内容：应包含进度保障措施内容，如工作计划安排、异常问题应急预案、现场协调机制等。

（2）要求：

1）根据工程计划，规划详细检修进度；

2）充分考虑天气影响，对于受天气影响大、工期时间长的检修工作应有针对性管控措施，确保检修工作按期完成；

3）建立检修工作协调制度，及时处理施工中发生的问题，保障检修工作顺利进行。

（十）验收工作要求

（1）内容：应明确各作业面验收小组设置，说明验收工作中的重点注意事项，附验收报告模板。

（2）要求：

1）按照75号文要求的"检修单位自验收＋运维单位验收"模式设置验收组；

2）明确检修工作全部完成后及隐蔽工程、高风险工序等关键环节阶段性完成后必须及时开展验收；

3）对于不同风险等级的检修工作，应明确由哪一级设备管理部门开展验收监督工作。

四、综合检修总结与检修成效提取

（一）工作总结，提炼经验

综合检修结束后，主班组（综合检修总负责人所在班组）应及时开展综合检修工作总结编写。工作总结应包含综合检修整体完成情况、检修项目完成情况、设备遗留问题及措施、检修过程发现的典型问题、缺陷、隐患，并分析综合检修中值得推广的优秀做法和需要改进提升的不足，提炼形成检修总结。一般来说，综合检修总结在形成纸质报告后，3~5个工作日内交予上级管理部门，留底保存，作为下次检修的支撑材料。检修总结详见附录B。

（二）检修成效收集与汇编

参与综合检修的各专业班组在综合检修现场，针对发现的典型设备问题应开展随工收集，以"图片＋文字简介"的简易形式，反馈至本单位技术管理机构，并于综合检修结束后汇编入工作总结。技术管理机构定期组织各专业主管，对各检修成效进行审核、赋分；按年度组织专业团队，在日常检修成效基础上汇总省公司双周例会、市公司运检月度例会等案例，形成检修成效汇编，并下发各班组学习、各区县公司检修中心交流。汇编无需特定格式，以原理理解到位、隐患梳理清晰、典型经验推广为目的。

【知识小结】

随着变电检修理论的不断发展变化，检修决策辅助工具的更新迭代，综合检修模式的内涵也愈加丰富。在此基础上，本任务优选出综合检修全流程工作中，代表性强、关联度紧、内核相对稳定的关键环节进行讨论和讲解，并列举了详细的工作方法和形式，使得学习者通过学习可以具备完整编制综合检修方案的能力，有助于下一部分能力模块的学习。

【思考与练习】

问题一　GIS 变电站综合检修全流程不包括（　　　）。

A. 前期管控　　　B. 反措执行　　　C. 现场踏勘　　　D. 方案编写

问题二　综合检修中一次零部件不包括（　　　）。

A. 设备线夹　　　B. 导线　　　C. 继电器　　　D. 铜排

问题三　班组承载力分析中，基础数据来源为（　　　）。

A. 班组历史月度工作计划　　　　　B. 计划专职本月计划

C. 年度工作计划　　　　　　　　　D. 调度专职下周预排工作计划

任务3　认识 GIS 综合检修作业工器具

【任务目标】

（1）认识变电检修、电气试验专业常用仪器。

（2）认识变电检修专业消缺反措备件。

（3）认识几种常用一次零部件、特殊专项工器具。

【任务描述】

检修作业工器具是指在进行设备检修时，为了完成特定任务而使用的工具和器具。本任务列举一些 GIS 变电站综合检修期间经常使用到的专业试验仪器、消缺反措用备件及一些特殊工具、耗材、车辆等，常规的检修工具（如螺丝刀、扳手等）此处不一一列举。

【知识储备】

一、专业试验仪器

专业试验仪器清单见表 3-1 和表 3-2。

表 3-1 　　　　　　　　　　变电检修专业常用仪器清单

序号	名称	示意图
1	SF_6 微水测试仪（露点仪）	
2	回路电阻测试仪	
3	SF_6 分解产物测试仪	

续表

序号	名称	示意图
4	SF$_6$ 纯度测试仪	
5	SF$_6$ 气体密度继电器校验装置	
6	SF$_6$ 气体检漏仪（红外）	
7	SF$_6$ 气体检漏仪（卤素）	
8	内窥镜	

表 3-2   电气试验专业常用仪器清单

序号	名称	型号	示意图
1	绝缘电阻测试仪	MIT515	
2	直流电阻测试仪	JYR（10C）	
3	介质损耗测试仪	AI-6000H	
4	断路器机械特性测试仪	GKC437ESR	

续表

序号	名称	型号	示意图
5	避雷器计数器校验仪	DHJ–B	

二、消缺反措备件

消缺反措备件清单见表 3–3 和表 3–4。

表 3–3   变电检修专业消缺反措备件清单

序号	名称	示意图
1	碟簧机构储压缸	
2	碟簧机构液压储能单元	
3	合闸弹簧	

序号	名称	示意图
4	SF$_6$气体	
5	硅脂	
6	密封圈	
7	防尘罩	
8	吸附剂（分子筛）	

续表

序号	名称	示意图
9	SF$_6$密度继电器	
10	分 / 合闸掣子	
11	轴承	
12	分 / 合闸线圈	

表 3-4 　　　　　　继电保护专业消缺反措备件清单

序号	名称	示意图
1	各类插件	

三、工具、耗材、车辆

一次零部件清单和特殊专项工器具清单见表 3-5 和表 3-6。

表 3-5　　　　　　　　　　　　一次零部件清单

序号	名称	示意图
1	设备线夹	
2	导线	
3	间隔棒	
4	铜排	
5	螺栓	

表 3-6   特殊专项工器具清单

序号	名称	示意图
1	特殊型号绝缘梯	
2	履带式升高车	
3	临时检修电源箱	
4	充气工具（含接头）	
5	SF_6 气体回收车	

续表

序号	名称	示意图
6	塞尺	

任务4 明确三层交底

【任务目标】

（1）了解三层交底的含义。

（2）掌握综合检修现场标准化安措流程。

【任务描述】

作为综合检修全过程管控要素的关键环节，三层安全技术交底可以使现场工作人员及负责人充分了解现场工作内容及危险点，并采取相应的组织措施、技术措施、安全措施，确保现场本质安全。三层交底主要分为一、二级班前会，现场站班会三种形式；标准化安措流程主要介绍现场检修硬围栏隔离、人员分色马甲、工作接地线管控、二次安措卡管控等。

【知识储备】

一、两级班前会

（一）一级班前会（技术室→班长/工程负责人）

技术室负责在一级班前会中对班长/工程负责人进行交底，交代工作具体内容、技术方案、需注意的危险点及预控措施等；针对专项工作，部门技术专职负责确认是否需要踏勘、编写施工方案及召开交底会，必要时安排专项交底。技术室应秉承"管业务必须管安全"原则，同步对班组进行安全交底，确保班组对所承担任务的技术要求和存在风险能够正确理解。综合检修一级班前会如图4-1所示。

图4-1 综合检修一级班前会

（二）二级班前会（班长／工程负责人→现场工作人员）

二级交底是专业内部对具体实施方案、工艺流程、施工难点、风险点、注意事项、落实到人的职责分工等环节的明确过程，是班长／工程负责人对安排的生产任务进行安全把关的过程。进一步做好风险辨识、从而选择技术能力胜任和结构搭配合理的团队，确保工作任务传达清楚、职责明确、流程清晰、安全可控。各专业班组应在一级班前会后，结合每周安全活动或专程组织开展二级班前会／二级交底。综合检修二级班前会如图4-2所示。

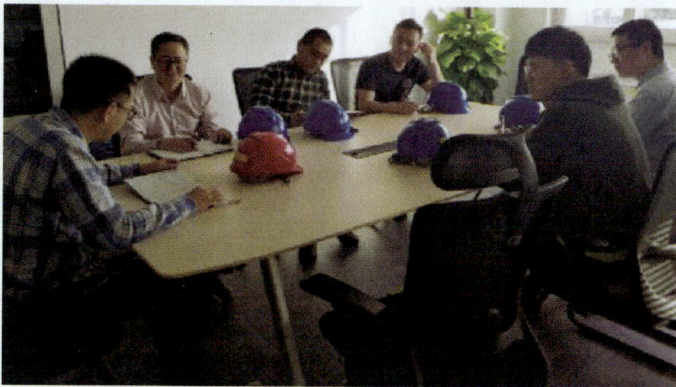

图4-2 综合检修二级班前会

（三）第三层交底（站班会）

作业实施前，工作负责人应对工作班成员交代工作内容、人员分工、带电部位和现场安全措施，使工作班成员对现场作业环境、设备有直观的了解，明确任务和安全措施，提高安全注意力。工作人员首先要整理着装，正确佩戴个人防护用品，列队听取交底内容。工作负责人要全面、生动、准确地进行安全交底，并抽取作业人员提问，确保每名作业人员都已知晓，方可履行签字确认手续。现场交底如图 4-3 所示。

图 4-3　现场交底

二、标准化安措流程——以安措卡为例

（一）检修硬围栏隔离

综合检修应采取硬围栏隔离措施（见图 4-4），以红色围栏指示工作区域、黄色围栏隔离带电设备，以此解决传统带状围栏易倒伏、人员易跑错间隔、跨越围栏的问题。

（二）人员分色防穿插

针对综合检修工作区域多、人员多、难以管控的问题，检修现场应采取分色马甲区分的措施，避免人员穿插至不同工作面（见图 4-5）。部分专业人员结束一个区域工作进入新区域时，分摊负责人应及时进行安全交底，更换马甲后再进入场地工作。

图 4-4　检修硬围栏隔离

红色围栏—工作区域；黄色围栏—隔离带电设备

图 4-5　人员分色马甲管控

（三）工作接地线管控

工作接地线是防感应电、突然来电的关键安全措施，是确保检修人员人身安全的重要保障。综合检修现场工作接地线数量多时可达 10 副以上，现场应针对性地以"工作接地线管控表"的形式，对借用、归还环节加强管控，确保工作接地线应挂尽挂、应还尽还。综合检修工作接地线管控表如图 4-6 所示，综合检修工作接地线借用记录表如图 4–7 所示。

220千伏起航变110kV正副母综合检修 第一阶段工作接地线管控表（6）											
序号	间隔	装设地点	借用				归还				编号
1	线路1101	线路1101线路闸刀线路侧	负责人		时间		负责人		时间		
			许可人				许可人				
2	线路1102	线路1102线路闸刀线路侧	负责人		时间		负责人		时间		
			许可人				许可人				
3	线路1103	线路1103线路闸刀线路侧	负责人		时间		负责人		时间		
			许可人				许可人				
4	线路1104	线路1104线路闸刀线路侧	负责人		时间		负责人		时间		
			许可人				许可人				
5	110kV副母压变	110kV副母压变一次侧	负责人		时间		负责人		时间		
			许可人				许可人				

图 4–6　综合检修工作接地线管控表示意图

变电站工作接地线借用记录表

序号	借用事由	装设地点	借用时间	双方签名	归还时间	双方签名	备注
	防感应电	#1主变220kV侧	12.22 12:45	[illegible]	12.24 13:00	[illegible]	R02
		#1主变110kV侧	12.22 12:50	[illegible]	12.24 13:01	[illegible]	R03
		镇洋4U34进线套管线路侧	12.22 12:55	[illegible]	12.24 13:02	[illegible]	R01
		#1电容器闸刀电缆侧	12.22 13:00	[illegible]	12.24 13:03	[illegible]	H04
		#1电容器闸刀电容器侧	12.22 13:05	[illegible]	12.24 13:04	[illegible]	H05
		#3电容器闸刀电缆侧	12.22 13:10	[illegible]	12.24 13:05	[illegible]	H06
		#3电容器闸刀电容器侧	12.22 13:15	[illegible]	12.24 13:06	[illegible]	临27
		#5电容器闸刀电缆侧	12.22 13:20	[illegible]	12.24 13:07	[illegible]	临28
		#5电容器闸刀电容器侧	12.22 13:2[illegible]	[illegible]	12.24 13:08	[illegible]	临30
		#1电抗器闸刀电抗器侧	12.22 13:2[illegible]	[illegible]	12.24 13:09	[illegible]	K05
		#1电抗器闸刀电缆侧	12.22 13:[illegible]	[illegible]	12.24 13:10	[illegible]	K06
		#1电容器开关后柜电缆侧	12.22 11:28	[illegible]	12.24 13:11	[illegible]	临09
		#3电容器开关后柜电缆侧	12.22 13:30	[illegible]	12.24 13:12	[illegible]	临10
		#5电容器开关后柜电缆侧	12.22 13:32	[illegible]	12.24 13:13	[illegible]	临11
		#1电抗器开关后柜电缆侧	12.22 13:34	[illegible]	12.24 13:14	[illegible]	临12
		#1补偿所变开关后柜电缆侧	12.22 13:36	[illegible]	12.24 13:15	[illegible]	临13
	10kV开关柜全回路电阻试验	斯城P571开关出线电缆头处	12.22. 13:38	[illegible]	12.23. 11:20	[illegible]	临14
		结尚P573开关出线电缆头处	12.22 13:40	[illegible]	12.23. 11:30	[illegible]	临15
		纺水P575开关出线电缆头处	12.23 11:30	[illegible]	12.23. 12:00	[illegible]	临14
		纺沥P577开关出线电缆头处	12.23 11:40	[illegible]	12.23. 12:10	[illegible]	临15
		文卫P579开关出线电缆头处					无出线
		沧控P581开关出线电缆头处	12.23 12:30	[illegible]	12.23. 13:00	[illegible]	临14
		云山P583开关出线电缆头处					无出线
		杨尚P585开关出线电缆头处	12.23 12:40	[illegible]	12.23 13:10	[illegible]	临15
		桥尚P587开关出线电缆头处	12.23 13:30	[illegible]	12.23 14:00	[illegible]	临14

图 4–7　综合检修工作接地线借用记录表示意图

（四）二次安措卡管控

综合检修采用“工作票 + 二次工作专用安全措施卡”相结合的设备状态交接验收形式，以强化运维、检修人员对检修后设备状态和检修质量的全面管控，提高运检工作效率效益，确保检修后设备状态正确性和二次安全措施执行恢复可靠性，杜绝电气误操作事故和设备异常事件发生。现场二次安全措施票填写如图 4-8 所示。禁动压板安措如图 4-9 所示。

智能变电站继电保护及安全自动装置现场工作专用安全措施卡（一）

工作票编号		安措卡编号	
工作地点		工作时间	
工作设备			
工作内容			
工作条件	有关一次设备状态（检修设备开关）		
	工作屏上其他运行设备		
	工作屏上的与其他保护联接线或光纤		

一、设备状态（开工前检查运行保安的保护装置、合并单元、智能终端的压板状态、信号指示灯状态、定值区号、空气开关状态、切换开关状态等）				确认状态（√）	
序号	设备状态内容			许可	验收
1	保护装置		☐跳闸 ☐信号 ☐停用		
2	压板空开原始状态	保护装置	硬压板、软压板、空开原始状态（可拍照留存）		
		合并单元	硬压板、空开原始状态（可拍照留存）		
		智能终端	硬压板、空开原始状态（可拍照留存）		
3	与其他通讯的 GOOSE、SV 链路	确认所有通讯链路情况（可拍照留存）			
4	装置告警信号				

智能变电站继电保护及安全自动装置现场工作专用安全措施卡（二）

二、安全措施（包括应退出（投入）出口和开入软（硬）压板、断开及恢复交流回路、跳闸回路、联跳回路、信号回路、退出和插入光纤等）					确认状态（√）	
序号	项目	安全措施内容		执行	恢复	许可	验收
1	保护装置	禁投软压板					
		禁退硬压板					
	合并单元	禁退硬压板					
	智能终端	禁投硬压板					
		禁投硬压板					
2	相关运行保护装置	禁投软压板、SV 接受软压板					
3	直流回路	拉开空开及解头					
4	光纤链路隔离	断开光纤					
5	交流回路	电流回路					
		电压回路					
6	自动化及网安装置						

执行人签名			监护人签名		备注：1. 设备状态、安全措施均由检修人员填写、执行、恢复均由检修人员打勾；2. 确认状态的许可、验收均由运维人员打勾。
次日开工确认	日期				
	确认				
恢复人签名			监护人签名		
二次工作（分）负责人（签名）					
工作许可（验收）人（签名）					
去人状态时间（月、日、时、分）					

第一联　工作负责人留存

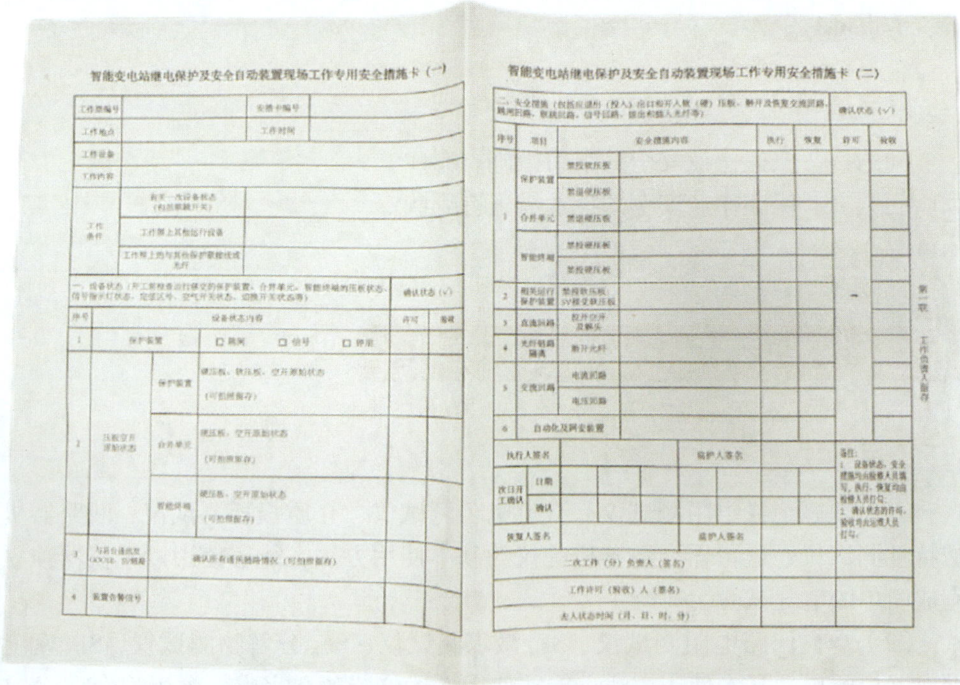

图 4-8　现场二次安全措施票填写示意图

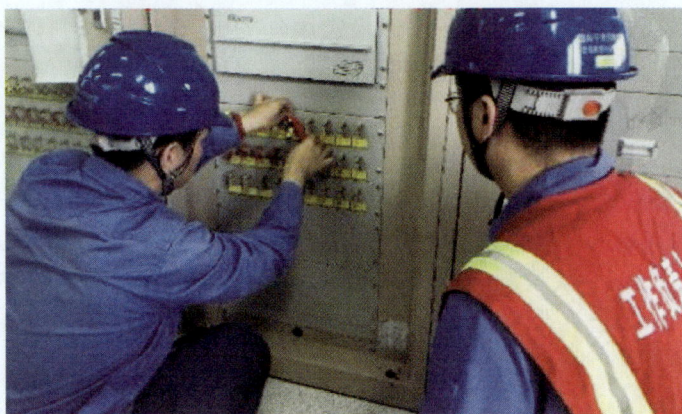

图 4-9　禁动压板安措

【知识小结】

一级班前会由技术室对班长／工程负责人进行交底并签字，二级班前会由班长／工程负责人对现场工作人员进行交底并签字，变电站工作现场由工作负责人对现场工作人员再次进行交底并签字，确认相关组织措施、技术措施到位后，方可进行工作。

【思考与练习】

问题一　保证作业安全的组织措施有哪些？
问题二　保证作业安全的技术措施有哪些？

任务5　常规仪器的规范使用

【任务目标】

（1）掌握绝缘电阻测试仪、直流电阻测试仪、介质损耗测试仪、断路器机械特性测试仪、避雷器计数器校验仪的基本使用方法，能够使用以上仪器独立完成简单的电气试验。

（2）掌握回路电阻测试仪、SF_6 微水测试仪、SF_6 分解物测试仪、SF_6 密度继电器校验仪的基本使用方法，能够使用上述仪器独立完成一次相关检验。

【任务描述】

在 220kV GIS 综合检修工作中，最常用到的电气试验仪器有绝缘电阻测试仪、直流电阻测试仪、介质损耗测试仪、断路器机械特性测试仪、避雷器计数器校验仪。

在 GIS 综合检修工作中，最常用到的一次常用仪器有回路电阻测试仪、SF_6 微水测试仪、SF_6 分解物测试仪、SF_6 密度继电器校验仪。

本任务以典型型号仪器为例，介绍了上述9类试验仪器的使用方法和关键要点。

【知识储备】

一、电气试验常用仪器

在 220kV GIS 综合检修工作中，最常用到的电气试验仪器有绝缘电阻测试仪、直流电阻测试仪、介质损耗测试仪、断路器机械特性测试仪、避雷器计数器校验仪。

（一）绝缘电阻测试仪

测量绝缘电阻是检查设备绝缘状态最简便的辅助方法，可以判断电气设备绝缘有无局部贯穿性缺陷、绝缘老化和受潮现象，由所测绝缘电阻可以发现影响电气设备绝缘的异物，绝缘油严重劣化、绝缘击穿和严重热老化等缺陷。本任务以 MIT515 绝缘电阻测试仪为例，介绍绝缘电阻测试仪的基本使用方法，详见表 5-1。

表 5-1　　　　　　　　　MIT515 绝缘电阻测试仪的使用

第一步，连接设备

动作描述	示意图
（1）连接接地端：将仪器自带的红色导线先接地，后接接地端子 E	 仪器照片
（2）连接加压端：将接线端子 L 接于被试设备的高压导体上	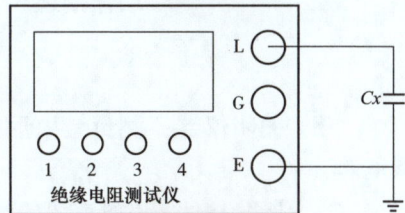 检测接线图 1—电源开关；2—电压选择；3—测试按钮；4—停止按钮；L—线路端子；G—屏蔽端子；E—接地端子；C_x—试品；

第二步，开机测试

动作描述	示意图

（1）开机：检查接线无误后，将仪器旋钮转至测量所需的电压等级上。

（2）开始测试：大声呼唱确认试验环境安全后，长按 Test 键，仪器开始加压测量

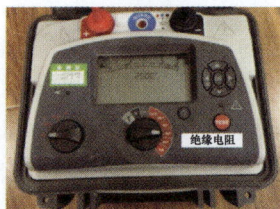

测试前界面

第三步，读取数据并记录

动作描述	示意图

绝缘电阻表到达额定输出电压后，待读数稳定或达到 60s 时，读取绝缘电阻值，并记录

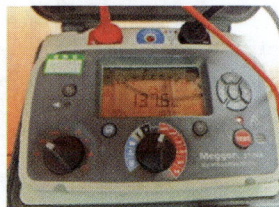

测试中界面

第四步，结束测量

动作描述	示意图

（1）关闭仪器：测量结束后，将仪器旋钮转至 Off 档。

（2）拆除接线：先拆除仪器端接线，后拆除设备端接线，最后拆除接地线

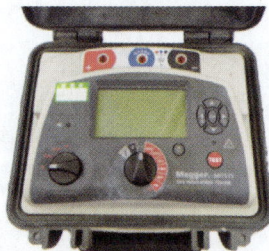

测试后恢复

关键要点

（1）使用前应对绝缘电阻表本身进行检查。

（2）测试的外部条件（指一次引线）应与前次条件相同。

（3）绕组绝缘电阻测量宜在顶层油温低于50℃时进行，并记录顶层油温，SF_6 气体绝缘变压器及干式变压器记录绕组温度。

（4）对于电流互感器，当有两个一次绕组时，还应测量一次绕组间的绝缘电阻；有末屏端子的，测量末屏对地的绝缘电阻。

（5）应将被试绕组自身的端子短接，非被试绕组亦应短接并与外壳连接后接地。

（6）测试前对地充分放电，并解除设备外接线，电容量较大的被试品（如大中型变压器及电容器等）应充分放电

（二）直流电阻测试仪

通过测量直流电阻，可以鉴定设备导线连接的质量，及时发现并解决导线断裂、接头开焊、接触不良、匝间短路等缺陷。直流电阻的测量对象包括断路器导电回路、母线连接处、感性负载绕组等关键部件。通过测量这些部件的直流电阻，可以评估其电气连接的质量和性能，预防潜在的安全隐患。本任务以JYR 直流电阻测试仪为例，介绍直流电阻测试仪的基本使用方法，详见表5-2。

表 5-2　　　　　　　　JYR 直流电阻测试仪的使用

第一步，连接设备

动作描述	示意图
（1）试验仪器接地：先接接地端，后接仪器端。 （2）电流测试线：使用两根电流测试线（通常为红色），分别连接到测试仪器的正电流接线端子（I+）和负电流接线端子（I-）。这两根线应夹在被试品的外侧，确保电流能够顺畅通过被测回路。	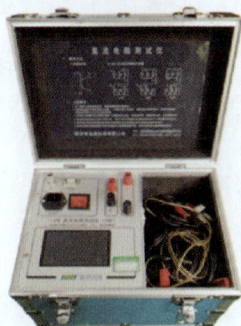 仪器照片

动作描述	示意图
（3）电压测试线：使用两根电压测试线（通常为黑色或蓝色），分别连接到测试仪器的正电压接线端子（U+）和负电压接线端子（U-）。这两根线应夹在被试品的内侧，用于测量回路两端的电压降	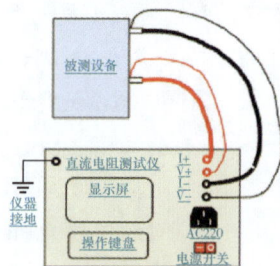 检测接线图

第二步，开机测试

动作描述	示意图
（1）检查接线无误后，打开电源开关，进入测试界面。 （2）根据测试要求选择合适的测试电流和测试时间，设置完成后点击开始测试	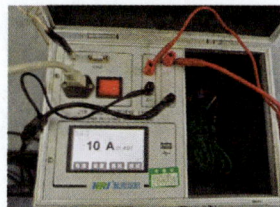 测试前界面

第三步，读取数据并记录

动作描述	示意图
待液晶屏显示电阻值稳定后，读取直流电阻值，并记录。	 测试中界面

第四步，结束测量

动作描述	示意图

（1）关闭仪器：测量结束后，点击"复位"，待蜂鸣声停止后关闭仪器，断开电源。

（2）拆除接线：先拆除仪器端接线，后拆除设备端接线，最后拆除接地线

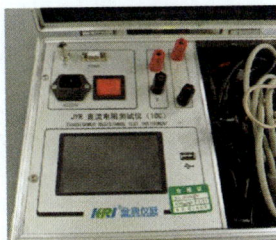

测试后恢复

关键要点

（1）测试仪外壳应可靠接地。测量前，先接好所有测量线后，方可开机，测试过程中严禁断开测量线，测试线安装要注意与带电部位保持足够的安全距离。

（2）测试高低压开关时，被测开关应充分放电后方可接线，以确保安全。

（3）测试电流线不可随意更改，如需更改，应保证导线电阻值与原配线相等。

（4）测试夹不宜随意更改，若需换测试夹时，容量应符合要求。

（5）电压线置于电流线内侧，测试夹接触部位应打磨，去除氧化层。

（6）测试完毕按"复位"键并充分放电。

（7）设备抽真空时，严禁测量直流电阻。

（8）主回路有感应电存在的情况下严禁测量电阻，应采取防静电感应措施。

（9）使用直流电阻测试仪工作中，因故离开工作现场或暂时停止工作及遇到临时停电时，应立即切断电源

（三）介质损耗测试仪

介质损耗测试的原理是利用高压源对测试样品进行加压，通过测量介质损耗角正切值（$\tan\delta$）和电容量等参数，能够发现电力设备绝缘整体受潮、劣化

变质及小体积被试设备贯通和未贯通的局部缺陷，可以准确评估样品的绝缘性能。本任务以 AI-6000KX 介质损耗测试仪为例，介绍介质损耗测试仪的基本使用方法，详见表 5-3。

表 5-3　　　　AI-6000KX 介质损耗测试仪的使用

第一步，连接设备

动作描述	示意图
（1）试验仪器接地：先接接地端，后接仪器端。 （2）以正接法为例，将仪器输出端接至被试设备一端，被试设备另一端接至仪器 C_x 端	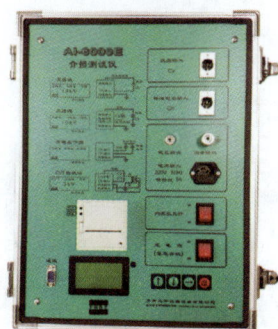 仪器照片 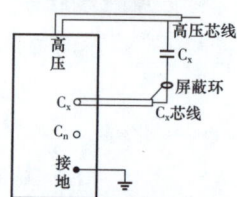 正接线方式 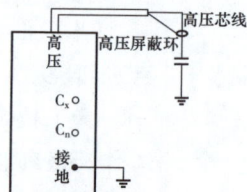 反接线方式 检测接线图

第二步，开机测试

动作描述　　　　　　　　　**示意图**

（1）检查接线无误后，打开总电源开关，进入测试界面。

（2）根据被试设备实际情况选择合适的测量方式和测量电压。

（3）打开内高压允许开关，把屏幕上的光标移至"启动"，长按红色按钮开始测试

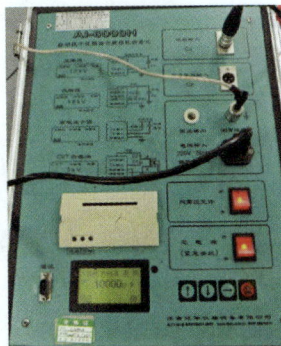

测试前界面

第三步，读取数据并记录

动作描述　　　　　　　　　**示意图**

（1）待仪器蜂鸣声停止后，屏幕上显示被试设备的介质损耗角正切值（$\tan\delta$）和电容量数值，此时关闭内高压允许开关。

（2）读取屏幕上的介质损耗角正切值和电容量数据并记录

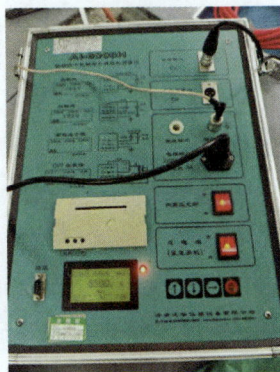

测试中界面

第四步，结束测量

动作描述	示意图

（1）关闭仪器：测量结束后，将仪器关闭。

（2）拆除接线：先拆除仪器端接线，后拆除设备端接线，最后拆除接地线

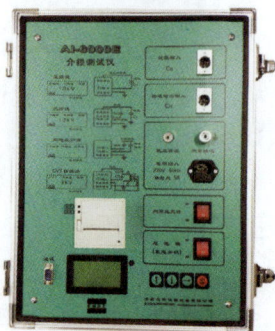

测试后恢复

关键要点

（1）介质损耗测试仪只能在停电的设备上使用；接地端应可靠接地，仪器尽量选择在宽敞、安全可靠的地方使用。

（2）测量过程中如遇危及安全的特殊情况时，可紧急关闭总电源。

（3）为保证测量精度，特别当小电容量试品损耗小时，一定要保证被试设备低压端（或二次端）绝缘良好，在相对湿度较小的环境中测量。

（4）仪器自带有升压装置，应注意高压引线的绝缘距离及人员安全；仪器应可靠接地，接地不好可能引起机器保护或造成危险。

（5）仪器应放在干燥处，注意防潮。精密内置仪器，防剧烈振动。

（6）测试前，应该确定好设备的耐压等级，正确选择测试仪的升压档位，以防设备被击穿，减小不必要的损失

（四）断路器机械特性测试仪

通过测量断路器的分合闸时间、速度及动作电压等参数，可以评估断路器在应对故障时的响应速度和能力，确保在关键时刻能够迅速切断故障电流，保护电路和设备免受损害。动作电压的测量是判断断路器能否正常工作的关键数据。本任务以 GKC437ESR 断路器机械特性测试仪为例，介绍断路器机械特性测试仪的基本使用方法，详见表5-4。

表 5-4　　　GKC437ESR 断路器机械特性测试仪的使用

第一步，连接设备

动作描述	示意图
（1）试验仪器接地：先接接地端，后接仪器端。 （2）断开断路器控制及储能电源，将断路器操动机构能量完全释放。 （3）确定断路器的"远方/就地"转换开关处于"就地"位置。 （4）试验接线：将触发端分别连接至断路器控制回路的分闸控制、合闸控制和公共端。 　　将公共通道连接至断路器操动机构一端，将测量通道连接至另一端。 　　将传感器安装至断路器操动机构合适位置并连接至仪器传感器端子。 （5）拆除断路器两侧引线或令断路器两侧无直接接地点	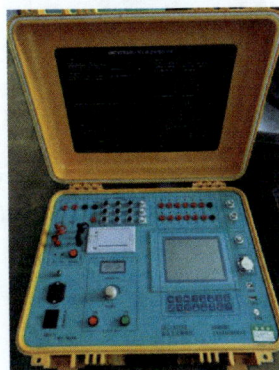 仪器照片 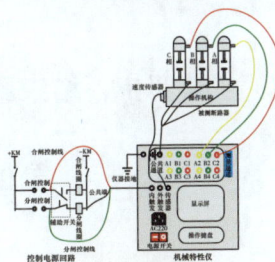 检测接线图

第二步，开机测试

动作描述	示意图
（1）检查接线无误后，接通电源，根据被试断路器型号进行相应参数设置，尤其注意根据各厂家参数设置开距及行程，仪器输出控制电压应为额定电压。 （2）在仪器界面选择相应项目，测试断路器机械特性	 测试前界面

第三步，读取数据并记录

动作描述	示意图

在断路器按照测试项目动作后，记录并打印断路器机械特性测试数据

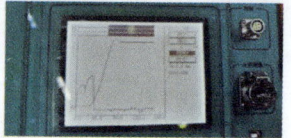

测试中界面

第四步，结束测量

动作描述	示意图

（1）关闭仪器：测量结束后，关闭仪器电源，恢复断路器两侧引线。

（2）拆除接线：先拆除仪器端接线，后拆除设备端接线，最后拆除接地线

测试后恢复

关键要点

（1）仪器外壳应接地，输出电源严禁短路。

（2）测试仪的功率过大时，应采用外部提供储能电源。

（3）测试前检查接线正确，避免造成设备损坏。

（4）应在断路器额定工况下进行机械特性试验。

（5）在接入断路器操作回路时，应从断路器端子箱端子排连接处

断开保护侧的二次接线，防止在测试时损坏保护装置。

（6）进行机械特性测试时，应停止断路器上其他工作。

（7）使用断路器机械特性测试仪工作中，因故离开工作现场或暂时停止工作及遇到临时停电时，应立即切断电源

（五）避雷器计数器校验仪

避雷器计数器动作的可靠性是记录避雷器在正常运行中受到雷击次数统计的一个重要参数，为电力系统工作人员提供了对避雷器进行有针对性检验的重要依据。通过校验，可以确保避雷器的性能符合安全标准，从而保障电力系统的稳定运行，减少因避雷器故障导致的电力中断风险。本任务以 DHJ-B 避雷器计数器校验仪为例，介绍避雷器计数器校验仪的基本使用方法，详见表 5-5。

表 5-5　　　　　DHJ-B 避雷器计数器校验仪的使用

第一步，连接设备

动作描述	示意图

	仪器照片
将避雷器计数器两端与测试仪器的输出端口相连接，先将黑色端与地端相接，再将红色端与避雷器计数器上端相接	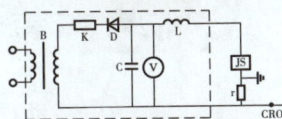
	检测接线图（虚线框内为冲击电流发生器）
	C—充电电容；R—充电电阻；L—阻尼电感；D—整流硅二极管；r—分流器；B—试验变压器；V—静电电压表；CRO—高压示波器

第二步，开机测试

动作描述	示意图

检查接线无误后，打开电源开关，检测时长按动作测试键，至避雷器计数器动作后松开

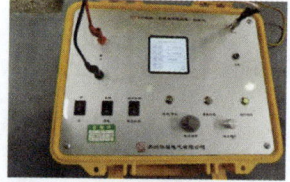

测试前界面

第三步，记录避雷器计数器动作情况

动作描述	示意图

（1）连续测试 3~5 次，每次应正常动作，每次时间间隔不少于 30s。

（2）记录试验前、后计数器状态

测试中界面

第四步，结束测量

动作描述	示意图

（1）关闭仪器：测量结束后将仪器关闭。

（2）拆除接线：先拆除仪器端接线，后拆除设备端接线，最后拆除接地线

测试后恢复

关键要点

（1）测试仪外壳应可靠接地。

（2）将避雷器计数器两端与测试仪器的输出端口相连接时，接线尽量短一些。

（3）所有接线包括电源线接好后，逐个检查接线是否正确。

（4）检测结束后，将电源关闭，注意需要等待输出电压完全回零后，接线才能被逐步拆除

二、一次常用仪器

在 GIS 综合检修工作中，最常用到的一次仪器有回路电阻测试仪、SF_6 微水测试仪、SF_6 分解物测试仪、SF_6 密度继电器校验仪。

（一）回路电阻测试仪

回路电阻测试仪是一种能够输出足够大的直流电流（通常不小于 100A），通过测量该电流在回路中产生的电压降根据欧姆定律计算出回路电阻的测试仪器。在 GIS 综合检修工作中，回路电阻测试仪主要应用于 GIS 设备的主回路接触电阻测试及出线套管接头等各搭接面的接触电阻测试。本任务以杭州储能科技 CN2100 回路电阻测试仪为例，介绍回路电阻测试仪的基本使用方法，详见表 5-6。

表 5-6　　杭州储能科技 CN2100 回路电阻测试仪的使用

第一步，试验接线

动作描述	示意图
（1）试验仪器接地：先接接地端，后接仪器端。 （2）电压测试线：使用两根电压测试线，分别连接到测试仪器的正电压接线端子（U+）和负电压接线端子（U-）。这两根线应夹在被试回路的两端，用于测量回路两端的电压降。	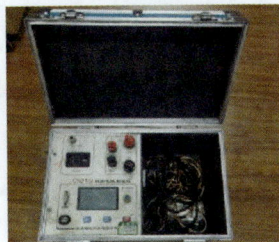 仪器照片

动作描述	示意图
（3）电流测试线：使用两根电流测试线，分别连接到测试仪器的正电流接线端子（I+）和负电流接线端子（I–）。这两根线应夹在电压夹外侧，确保电流能够顺畅通过被测回路	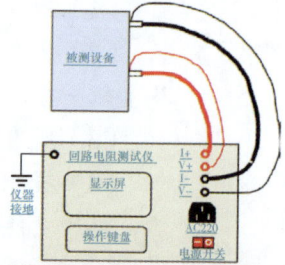 主回路电阻测量接线图 （电流电压测试线分开接线方法）

第二步，开机测试

动作描述	示意图
检查接线无误后，打开电源开关，进入测试界面。根据测试要求选择合适的测试电流和测试时间，通常测试电流不小于100A，测试时间可根据需要设定，设置完成后点击开始测试	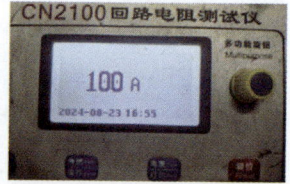 回路电阻测试仪测试界面

第三步，读取数据

动作描述	示意图
待电流稳定后，读取并记录回路电阻	 回路电阻测试仪测试界面

关键要点

（1）注意电流线夹在被试品的外侧，电压线夹在被试品的内侧，且电流与电压必须同极性。

（2）检查试验仪器接地是否可靠，避免漏电伤人。

（3）在没有完成全部接线时，不允许在测试接线开路的情况下通电，否则会损坏仪器。

（4）更改接线时，确认仪器试验按钮关闭，防止触电

（二）SF$_6$ 微水测试仪

SF$_6$ 气体作为一种广泛应用的绝缘气体，在 GIS 设备中扮演着重要角色，其微水含量直接影响到设备的绝缘性能和运行安全。因此，准确测量 SF$_6$ 气体中的微水含量对于保障设备的安全运行具有重要意义。在 GIS 综合检修工作中，SF$_6$ 微水测试仪主要用于测量 GIS 气室内部 SF$_6$ 气体内部水分含量。本任务以上海晴尔DP2000C 精密智能露点仪为例，介绍 SF$_6$ 微水测试仪的基本使用方法，详见表 5-7。

表 5-7　　上海晴尔 DP2000C 精密智能露点仪的使用

第一步，连接设备

动作描述	示意图
（1）试验仪器接地：先接接地端，后接仪器端。 （2）连接电源：将仪器电源连接好，并接通电源。 （3）连接测试管道：选择与设备相配套的转接头，将进气管道与转接头连接好，再将转接头与被测量设备相连接，然后将进气管道与仪器进气口连接好，同时将排气管道连接到仪器的出气口	 **仪器照片** 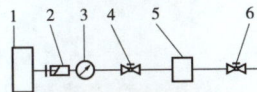 **检测接线图** 1—待测电气设备；2—气路接口（连接设备与仪器）；3—压力表；4—仪器入口阀门；5—测试仪器；6—仪器出口阀门（可选）

第二步，初始化及校准

动作描述	示意图

（1）开机初始化：打开仪器电源开关，仪器将自动进入初始化自校验过程。

（2）等待校准：观察仪器自动校准时间是否结束，等校准结束后，将干燥旋钮打到"测量"状态

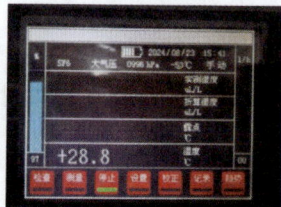

SF$_6$ 微水测试仪测试界面

第三步，开始测量

动作描述	示意图

（1）调节流量：缓慢打开流量调节阀，将流量控制在仪器要求范围内。

（2）观察数据：测试数分钟后观察数据是否稳定（数据在一定范围内波动即表示稳定）。如数据不稳定，可适当延长测试时间。

（3）读取结果：待数据稳定后，即可读取微水含量值，并可选择保存测量结果

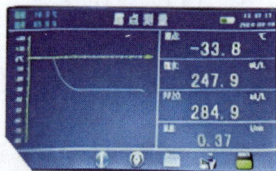

SF$_6$ 微水测试仪测试界面

第四步，结束测量

动作描述

（1）关闭流量阀：测量结束后，先关闭流量调节阀。

（2）拆除管道：将转接头与设备分离开，拆除进气管道和排气管道。

（3）关闭仪器：如不再继续测量，应关闭仪器电源开关

关键要点

（1）气室的 SF_6 取样口与微水仪进气端的连接管道要尽可能短，检查测试气路系统所有接头的气密性，确保无泄漏。

（2）检查试验仪器接地是否可靠，避免漏电伤人。

（3）测试时要站在上风口，避免 SF_6 中毒。

（4）检测仪气体出口应接试验尾气回收装置或气体收集袋，对测量尾气进行回收。

（5）测量时缓慢开启调节阀，仔细调节气体压力和流速。测量过程中保持测量流量稳定，并随时检测被测设备的气体压力，防止设备压力异常下降。

（6）测量完毕后，用干燥氮气（N_2）吹扫仪器 15~20min 后，关闭仪器，封好仪器气路进出口备用

（三）SF_6 分解物测试仪

GIS 设备在正常运行时，气室内部 SF_6 气体通常不会分解。然而，在设备发生绝缘故障或放电时，SF_6 气体会在高温或放电能量的作用下分解，生成 SO_2、H_2S 等有害分解产物。这些分解产物的种类和含量与故障的类型、位置及程度有直接关系，因此准确测量 SF_6 气体中的分解产物含量，可以及时发现设备内部的潜在故障，预防事故的发生。在 GIS 综合检修工作中，SF_6 分解物测试仪主要用于检测 GIS 气室内部 SF_6 气体中分解产物（如 SO_2、H_2S 等）含量。本任务以厦门加华 JH6000A-4 型 SF_6 电气设备分解物测试仪为例，介绍 SF_6 分解物测试仪的基本使用方法，详见表 5-8。

表 5-8　厦门加华 JH6000A-4 型 SF_6 电气设备分解物测试仪的使用

第一步，连接设备

动作描述	示意图
（1）试验仪器接地：先接接地端，后接仪器端。 （2）连接电源：将仪器电源连接好，并接通电源。	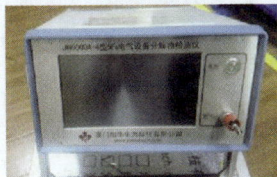 仪器照片

动作描述	示意图
（3）连接测试管道：选择与设备相配套的转接头，将进气管道与转接头连接好，再将转接头与被测量设备相连接，然后将进气管道与仪器进气口连接好，同时将排气管道连接到仪器的出气口	 **检测接线图** 1—待测电气设备；2—气路接口（连接设备与仪器）；3—压力表；4—仪器入口阀门；5—测试仪器；6—仪器出口阀门（可选）

第二步，初始化及校准

动作描述	示意图
（1）开机初始化：打开仪器电源开关，仪器将自动进入初始化自校验过程。 （2）等待校准：观察仪器自动校准时间是否结束，等校准结束后，进入 SF_6 分解物测试界面	 SF_6 分解物测试仪测试界面

第三步，开始测量

动作描述	示意图
（1）调节流量：然后缓慢打开流量调节阀，将流量控制至仪器要求的范围。 （2）观察数据：等待仪器稳定后，观察显示屏上的数据变化。仪器将直接显示 SF_6 气体中主要分解产物的含量，如 SO_2、H_2S 等。 （3）记录结果：记录显示屏上的测量结果，并可选择保存测量结果至仪器内部存储器或外部存储设备中	 SF_6 分解物测试仪测试界面

第四步，结束测量

动作描述

（1）关闭流量阀：测量结束后，先关闭流量调节阀。

（2）拆除管道：将转接头与设备分离开，拆除进气管道和排气管道。

（3）关闭仪器：如不再继续测量，应关闭仪器电源开关

关键要点

（1）气室的 SF_6 取样口与分解物测试仪进气端的连接管道要尽可能短，检查测试气路系统所有接头的气密性，确保无泄漏。

（2）检查试验仪器接地是否可靠，避免漏电伤人。

（3）测试时要站在上风口，避免 SF_6 中毒。

（4）检测仪气体出口应接试验尾气回收装置或气体收集袋，对测量尾气进行回收。

（5）测量时缓慢开启调节阀，仔细调节气体压力和流速。测量过程中保持测量流量稳定，并随时检测被测设备的气体压力，防止设备压力异常下降。

（6）测量完毕后，用干燥氮气（N_2）吹扫仪器 15~20min 后，关闭仪器，封好仪器气路进出口备用

（四）SF_6 密度继电器校验仪

SF_6 气体密度继电器被广泛安装在 GIS 设备上，通过表计与 GIS 气室连通，用于监视气室 SF_6 的密度，针对气室可能出现的 SF_6 气体泄漏情况及时发出报警信号或闭锁信号，确保电气设备的安全运行。由于设备振动、老化等各种原因，SF_6 气体密度继电器在长期运行中性能可能发生变化，甚至可能出现误动作。在 GIS 综合检修工作中，SF_6 密度继电器校验仪主要用于校验 SF_6 密度继电器。本任务以朴源 HXOT-627 型 SF_6 密度继电器校验仪为例，介绍 SF_6 密度继电器校验仪的基本使用方法，详见表 5-9。

表 5-9　　朴源 HXOT-627 型 SF_6 密度继电器校验仪的使用

第一步，连接设备

动作描述	示意图

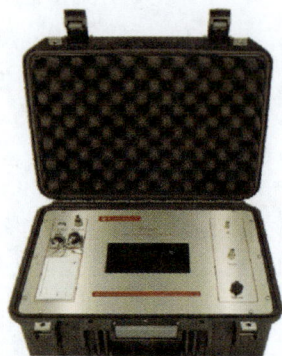

仪器照片

（1）试验仪器接地：先接接地端，后接仪器端。

（2）连接电源：将仪器电源连接好，并接通电源。

（3）连接温度传感器：将温度传感器的连接线插头插入校验仪的相应接口中。

（4）连接信号线：先拆除原设备二次信号线，后将校验仪的信号线连接到被测 SF_6 密度继电器的相应接口上。

（5）连接测试管路：关闭 SF_6 密度继电器截止阀，选择与设备相配套的转接头，将仪器进气管道与转接头连接好，再将转接头与被测量设备校验口相连接

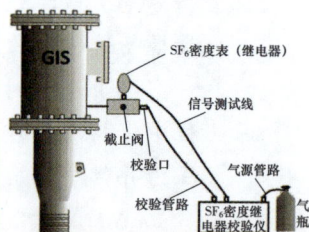

管路及信号线连接示意图

拆除原设备二次信号线

第二步，参数设置

动作描述	示意图

检查管路及信号线连接正确，再打开仪器电源进入测量界面。进入密度继电器校验功能，根据待校验的 SF_6 密度继电器额定参数，进行试验参数设置

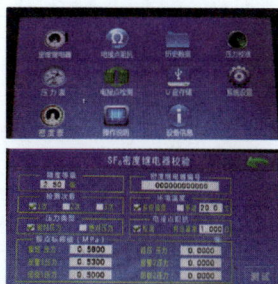

SF_6 密度继电器校验仪
测试界面

第三步，开始测量

动作描述	示意图

检查试验参数确认无误后，点击"测试"，仪器自动完成测试，显示 SF_6 密度继电器校验结果

SF_6 密度继电器校验仪
测试界面

第四步，结束测量

动作描述

（1）拆除管道：将转接头与设备分离开，拆除进气管道。
（2）拆除校验仪信号线，装配原设备二次信号线。
（3）打开 SF_6 密度继电器截止阀。
（4）关闭仪器：如不再继续测量，应关闭仪器电源开关

关键要点

（1）检查试验仪器接地是否可靠，避免漏电伤人。

（2）测试时要站在上风口，避免 SF_6 中毒。

（3）拆装信号线时，应检查端子与信号线是否对应。校验结束后，应核对信号是否正常。

（4）完成现场校验后，应恢复截止阀至正常工作状态

【知识小结】

　　GIS 综合检修既有自身的特点又兼有 AIS 检修的特征，其具体反映在仪器方面表现在：一是对于相同设备，如主变压器、电流互感器、断路器等，其仍然使用 AIS 检修时的试验仪器和试验方法；二是结合 GIS 自身的特点，其又有 SF_6 分解物、微水等测试仪器，试验方法又有不同之处。因此，本任务围绕 GIS 综合检修中的常规试验仪器，详细介绍其原理、标准操作流程和实际使用场景，使得读者通过学习具备执行 GIS 综合现场试验的能力，为下一部分能力模块的学习奠定基础。

【思考与练习】

问题一　下列与 GIS 断路器试验有关的测试仪器有（　　　）。

A. SF_6 密度继电器校验仪　　　　　B. SF_6 分解物测试仪

C. 回路电阻仪　　　　　　　　　　D. 介质损耗测试仪

问题二　检查设备绝缘状态最简便的辅助方法是（　　　）。

A. 测试直阻　　　　　　　　　　　B. 测量绝缘电阻

C. 断路器特性试验　　　　　　　　D. 镀层检测

实战篇

变电站一次设备综合检修与消缺技术

GIS 变电站一次设备综合检修流程

模块概说

GIS 变电站相较于常规变电站而言，最大的特点是使用了气体封闭式组合电器设备（GIS），它将一座变电站中除变压器以外的一次设备，包括断路器、隔离开关、接地开关、电压互感器、电流互感器、避雷器、母线、电缆终端、进出线套管等，经优化设计有机地组合成一个整体。这些设备或部件全部封闭在金属接地的外壳中，在其内部充有一定压力的 SF_6 绝缘气体，故也称 SF_6 全封闭组合电器。

本模块将分电压等级介绍三种典型的综合检修模式，分别为 220kV 停单母 + 轮停线路及主变压器检修，110kV 停单母及该母线上线路检修，35kV 母线轮停检修。通过介绍综合检修的停役方式、检修任务、危险点及预控措施、技术措施等，让读者充分了解不同停役方式下综合检修应如何实施。

模块目标

知识目标

● 学习 220kV GIS 变电站三种典型停役方式下的综合检修作业。
● 掌握三种停役方式下检修注意事项。

能力目标

● 掌握 220kV GIS 变电站三种典型停役方式下的综合检修作业方法。

任务 6 220kV 停单母 + 轮停线路及主变压器检修

【任务目标】

（1）学习 220kV GIS 变电站典型停役方式下的综合检修作业。

（2）掌握此停役方式下检修注意事项。

（3）掌握此停役方式下关键质量及工艺控制措施。

【任务描述】

220kV 变电站内 220kV 设备大多数是双母线接线，检修时通常一条母线停役，另一条母线运行。同时可进行一台主变压器及多条线路轮停，分阶段停役即可完成所有间隔的检修工作。本任务以国网宁波供电公司 220kV 启航变电站为例，介绍综合检修的停役方式、检修任务、危险点及预控措施、技术措施等，并详细介绍主要校验项目实施流程。

【操作指南】

一、综合检修任务及分工

220kV 启航变电站计划于 2023 年 10 月 10—17 日开展 220kV 启航变电站 220kV 各间隔、1、2 号主变压器及三侧综合检修，同步进行相关设备消缺、反措及精益化评价整改等工作。本次检修主要涉及主变压器 2 台、220kV 间隔 8 个、110kV 间隔 2 个、35kV 间隔 2 个，共分为两个阶段。

（一）第一阶段工作（2023 年 10 月 10—13 日）

（1）线路 2201 断路器及线路间隔、线路 2202 断路器及线路间隔、2 号主变压器 220kV 断路器间隔、220kV 母联断路器间隔：断路器液压弹簧机构油处理，汇控柜及机构箱内二次元件更换，一键顺控加装，隔离接地开关分合指示更换，密度继电器三通阀加装，C 检、维护、消缺、反措、精益化检查与整改工作，传动试验、二次排雷工作，220kV 母联断路器三相联通断路器气室分相密度继电器改造。

（2）220kV 正母线、正母电压互感器间隔：汇控柜内二次元件更换，接地开关分合指示更换，正母接地开关引出盆更换，正母电压互感器 C 检、维护、消缺、反措、精益化检查与整改工作，二次排雷工作。

（3）2 号主变压器间隔：C 检、维护、消缺、反措、精益化检查与整改、二次排雷工作，2 号主变压器有载开关吊检、低压侧绝缘化完善、主变压器固定灭火系统维护检修，2 号主变压器 35kV 穿墙套管封堵及外墙面整修，2 号主变压器 110、220kV 中性点接地开关更换。

（4）2 号主变压器 110kV 断路器间隔：C 检、维护、消缺、反措、精益化检查与整改工作，传动试验、二次排雷工作。

（5）2 号主变压器 35kV 断路器间隔：C 检、维护、消缺、反措、精益化检查与整改工作，传动试验、二次排雷工作，2 号主变压器 35kV 穿墙套管封堵及内墙面整修。

（二）第二阶段工作（2023 年 10 月 14—17 日）

（1）线路 2203 断路器及线路间隔、线路 2204 断路器及线路间隔、1 号主变压器 220kV 断路器间隔、220kV 母联断路器间隔：断路器液压弹簧机构油处理，汇控柜及机构箱内二次元件更换，一键顺控加装，隔离接地开关分合指示更换，C 检、维护、消缺、反措、精益化检查与整改工作，传动试验、二次排雷工作，线路 2203 断路器 A 相储能模块渗油更换，线路 2203、线路 2204 第二套保护单通道整治。

（2）220kV 正母线、正母电压互感器间隔：汇控柜内二次元件更换，接地开关分合指示更换，正母电压互感器 C 检、维护、消缺、反措、精益化检查与整改工作，二次排雷工作。

（3）1 号主变压器间隔：C 检、维护、消缺、反措、精益化检查与整改、二次排雷工作，1 号主变压器有载开关吊检、低压侧绝缘化完善、主变压器固定灭火系统维护检修，1 号主变压器 35kV 穿墙套管封堵及外墙面整修，1 号主变压器 110、220kV 中性点接地开关更换。

（4）1 号主变压器 110kV 断路器间隔：C 检、维护、消缺、反措、精益化检查与整改工作，传动试验、二次排雷工作。

（5）1 号主变压器 35kV 断路器间隔：C 检、维护、消缺、反措、精益化检查与整改工作，传动试验、二次排雷工作，1 号主变压器 35kV 穿墙套管封堵及内墙面整修。

二、一次停役方式主接线图

第一、二阶段设备停役简图如图 6-1 和图 6-2 所示。

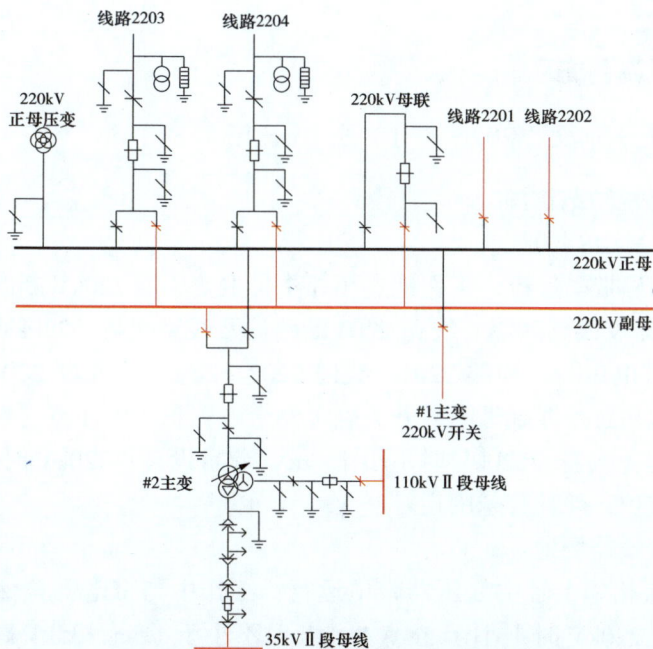

图 6-1　第一阶段设备停役简图

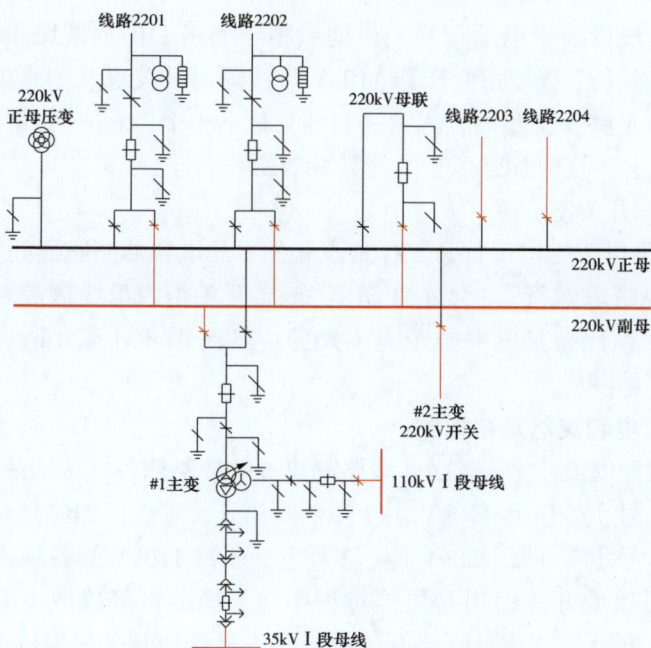

图 6-2　第二阶段设备停役简图

三、危险点预控措施执行

（一）第一阶段（2023 年 10 月 10—13 日）

1. 人身触电防范措施

（1）220kV GIS 场地。

220kV 副母带电运行，工作地点相邻 1 号主变压器 220kV 断路器间隔、线路 2203 断路器及线路间隔、线路 2204 断路器及线路间隔、220kV 副母电压互感器间隔、带电运行，线路 2201、线路 2202、2 号主变压器 220kV 断路器间隔、220kV 母联断路器副母隔离开关副母侧带电，工作中注意与带电部位保持足够安全距离（人身：220kV 时不小于 3m；起重设备：220kV 时不小于 6m），工作时加强监护，严禁穿越围栏。

（2）主变压器场地。

工作地点相邻 1 号主变压器带电运行，工作中与带电部位保持足够安全距离（人身：220kV 时不小于 3m，110kV 时不小于 1.5m，35kV 时不小于 1m；起重设备：220kV 时不小于 6m，110kV 时不小于 5m，35kV 时不小于 4m），工作时加强监护，严禁穿越围栏。

（3）110kV GIS 场地。

110kV Ⅱ 段母线带电运行，工作地点相邻线路 1103、线路 1104 断路器及线路间隔带电运行，2 号主变压器 110kV 母线隔离开关母线侧带电，工作中与带电部位保持足够安全距离（人身：110kV 时不小于 1.5m；起重设备：110kV 时不小于 5m），工作时加强监护，严禁穿越围栏。

（4）35kV 开关室。

35kV Ⅱ 段母线带电运行，工作地点相邻 2 号电容器断路器间隔、4 号电容器断路器间隔带电运行，2 号主变压器 35kV 开关柜内母线侧静触头带电，工作中与带电部位保持足够安全距离（人身：35kV 时不小于 1m），工作时加强监护，严禁穿越围栏。

2. 防感应电和突然来电措施

（1）在线路 2203、线路 2204 线路隔离开关线路侧各挂接地线一副。

（2）在 2 号主变压器 110kV 主变压器隔离开关主变压器侧挂接地线一副。

（3）在 2 号主变压器 220kV 侧、2 号主变压器 110kV 侧各挂接地线一副。

（4）正母接地开关引出盆更换过程中，为保证正母接地，需合上母联正母隔离开关，断开母联正母隔离开关及母联正母接地开关的操作电源、电机电源，在空气开关上贴好红胶布并禁止操作，使正母线通过母联正母接地开关保持接地。

3. 防高空坠落、高空落物措施

（1）登高作业时系好安全带，有防止人身高处坠落、梯子倾斜摔倒伤人、交叉作业落物伤人措施。

（2）正确使用安全带和工具袋，上下物件须有绳索传递，严禁高空抛物。

（3）正确使用升降平台作业，2号主变压器110kV出线套管接线板与相邻线路1103线路压变接线板距离为2.4m，使用升降平台并设专人监护。

（4）2号主变压器110kV主变压器隔离开关、主变压器接地开关操动机构距离线路1103线路压变带电部位1.8m，禁止工作。

（5）线路2203、线路2204线路引下线下端线夹可开展回路电阻测量及维护工作，线路引下线上端线夹因门型构架结构和线路引下线角度原因无法开展回路电阻测量及维护工作。

（6）正确使用履带式升高车作业，线路2203、线路2204线路套管上接线板回路电阻测量及维护工作使用履带式升高车。

（7）脚手架按要求搭设和拆卸，使用脚手架作业时设专人监护。

（8）拆接接地线、引线时使用合格的登高用具并加强监护。

4. 高压试验防范措施

高压试验应使用警灯、围栏、绝缘垫，有专人监护，并高声呼唱；高压试验前后，应对被试品充分放电并接地；高压试验时，非试验专业非特殊情况禁止待在电气试验围栏内。

5. 防止交叉作业风险

（1）各专业加强沟通，特别是二次传动开关、机构油处理及保压、高压试验时，防止交叉作业。传动试验前，二次必须征得一次工作负责人同意，确定无人在开关上工作时方可进行。

（2）同一垂直空间内，禁止交叉作业。

6. 防止起重作业风险

工作中涉及起重作业应使用起重作业安全风险管控卡，做到"十禁止、十到位"：

（1）吊机进出、转移检修现场应有人引导，在检修通道内行驶速度不得超过5km/h。

（2）吊机应置于平坦、坚实的地面上，不准在电缆沟、地下管线上面作业。不能避免时，应采取防护措施。

（3）吊机现场使用时应将支腿完全打开，支腿支撑牢靠。

（4）吊机等应可靠接地，与带电设备应保持足够的安全距离。

（5）吊机使用时，应使用 1.2m 枕木，严禁停放在二次电缆沟道上。

（6）吊机作业时车辆不得熄火。

（7）驾驶员不能离开现场，负责车辆支腿和地面安全监护。

（8）在任何情况下吊机吊臂下及旋转半径内严禁站人，防止碰撞或倾倒。

（9）吊机及其驾驶员、指挥人员应在工作前完成资质审查，杜绝无证上岗。

（10）吊机选用应符合验算要求，严禁超负荷使用。

7. 防范 SF₆ 气体中毒措施

进行 SF_6 气体回收、注气、微水测试过程中，工作人员应站在上风侧，打开气室后，所有人员撤离现场 30min 后方可继续工作，工作时人员站在上风侧，穿戴好防护用具。

8. 防止动火作业火灾风险

应正确执行动火票，做好动火作业安全措施，动火监护人应监护到位。

（1）动火作业时应注意防止周边易燃物品，应配备灭火器。电、气焊作业，动火区域内应配备消防设施。

（2）氧气和乙炔瓶的摆放距离不得小于 5m，离火源距离不得小于 10m。

9. 防范直流电短路或接地措施

一键顺控信号回路建设工作中存在直流电短路及接地风险，对于未完全接入的信号回路，注意绝缘措施，严防直流电短路或接地。

10. 防止校验工作风险

校验工作严格按照经审核后的图纸和已执行的定值单进行。

（1）严格遵守监护制度。拆线、接线前应仔细核对图纸，拆完线，做好记录工作，并用绝缘胶布包好，防止低压触电。

（2）工作结束后严禁擅自更改保护定值参数，如误修改定值参数，应及时根据定值单恢复，并与运维人员核对定值确认方可结束。

11. 防范主变压器保护误出口运行开关措施

2 号主变压器出口 220kV 母差保护、110kV Ⅰ/Ⅱ 段母分、35kV 母分和 35kV 备自投的压板退出，其出口回路进行隔离。

12. 防范电压回路短路、电流回路开路措施

220kV 副母运行，110kV 和 35kV 母线运行，保护校验时做好电压隔离，防止误碰。各间隔电流回路串接负荷转供装置，工作前做好安全措施。

13. 防范有限空间作业风险

（1）GIS 防尘棚内部工作，严格遵守"先通风、再检测、后作业"的原则，测试含氧量应不低于 18% 方可进入。

（2）作业过程中应当保持通风装置运转，气室开盖后，卷起底部篷布加强

通风。

（3）作业过程中，发现 GIS 防尘棚内部有限空间气体环境发生不良变化、安全防护措施失效和其他异常情况时，监护人员应立即向作业人员发出撤离警报，并采取措施协助人员撤离。

14. 加强检修电源管理和监护

低压检修电源接入时两人进行，检查确认无误后方可送电。

15. 防止外来人员失去监护

（1）严格执行厂家和临时用工教育制度，设立监护人。

（2）现场民工、油漆工等临时用工外施人员须严格管理，工作前做好交底，严禁无监护工作。

（3）严格监护后台厂家工作，做好后台和远动的备份工作。

16. 防止机构机械伤害

（1）开关机构检修，开关试验传感器安装、更改试验接线前，应断开开关控制电源、储能电源，并完全释放预存能量，防止机械伤人。

（2）隔离开关检修时应将电机操作电源拉开。

17. 防止遥控误出口

（1）一键顺控联调验收时，应将除无功间隔外其他所有间隔测控切至就地，遥控出口压板取下，防止误出口。

（2）后台遥控时，注意全所切就地。一次设备无法出口时，需运维人员陪同查看测控预置报文。

18. 防止网安告警

（1）要求厂家使用专用调试工具。

（2）网安挂牌。

（3）严禁非法外联或非法操作。

（4）新测控装置接入前确认地址在网安白名单内。

19. 防止后台数据消失

更换后台前做好数据备份，确认第一台后台数据和相关回路验证无误后，再更换第二台。

（二）第二阶段（2023 年 10 月 14—17 日）

本阶段危险点及预控措施与第一阶段基本一致，另外需要注意：

1. 人身触电防范措施

（1）220kV GIS 场地。

220kV 副母带电运行，工作地点相邻的线路 2203 断路器及线路间隔、线路 2204 断路器及线路间隔、220kV 副母电压互感器间隔、2 号主变压器 220kV 断路器间隔带电运行，线路 2201、线路 2202、1 号主变压器 220kV 开关副母隔离开关副母侧带电，工作中注意与带电部位保持足够安全距离（人身：220kV 时不小于 3m；起重设备：220kV 时不小于 6m），工作时加强监护，严禁穿越围栏。

（2）主变压器场地。

工作地点相邻 2 号主变压器带电运行，工作中与带电部位保持足够安全距离（人身：220kV 时不小于 3m，110kV 时不小于 1.5m，35kV 时不小于 1m；起重设备：220kV 时不小于 6m，110kV 时不小于 5m，35kV 时不小于 4m），工作时加强监护，严禁穿越围栏。

（3）110kV GIS 场地。

110kV I 段母线带电运行，工作地点相邻线路 1101、线路 1102 断路器及线路间隔带电运行，1 号主变压器 110kV 母线隔离开关母线侧带电，工作中与带电部位保持足够安全距离（人身：110kV 时不小于 1.5m；起重设备：110kV 时不小于 5m），工作时加强监护，严禁穿越围栏。

（4）35kV 开关室。

35kV I 段母线带电运行，工作地点相邻 1 号电容器断路器间隔、3 号电容器断路器间隔带电运行，1 号主变压器 35kV 开关柜内母线侧静触头带电，工作中与带电部位保持足够安全距离（人身：35kV 时不小于 1m），工作时加强监护，严禁穿越围栏。

2. 防感应电和突然来电措施

（1）在线路 2201、线路 2202 线路隔离开关线路侧各挂接地线一副。

（2）在 1 号主变压器 110kV 主变压器隔离开关主变压器侧各挂接地线一副。

（3）在 1 号主变压器 220kV 侧、1 号主变压器 110kV 侧挂接地线一副。

3. 防高空坠落、高空落物措施

（1）正确使用履带式升高车作业，线路 2201、线路 2202 线路套管上接线板回路电阻测试时使用履带式升高车。

（2）线路 2201 线路引下线下端线夹与 2 号主变压器 220kV 跨线距离为 2.8~3m，禁止开展线路 2201 线路引下线下端线夹、线路引下线上端线夹的回阻测量及维护工作，但需要提前在最大负荷时间进行精确测温，确保各线夹温度无异常。

（3）线路 2202 线路引下线下端线夹可开展回路电阻测量及维护工作，线路引下线上端线夹因门型构架结构和线路引下线角度原因无法开展回路电阻测量及维护工作。

4. 防范主变压器保护误出口运行开关措施

1 号主变压器出口 220kV 母差保护、110kV Ⅰ/Ⅱ 段母分、35kV 母分和 35kV 备自投的压板退出，其出口回路进行隔离。

四、校验项目实施

电气试验专业校验项目清单见表 6-1，一次专业校验项目清单见表 6-2。

表 6-1 　　　　　　　　电气试验专业校验项目清单

分类	作业名称
主变压器部分	作业 6-1　变压器绕组变形试验
	作业 6-2　变压器有载切换波形
	作业 6-3　变压器直流电阻
	作业 6-4　变压器绕组连同套管的介质损耗 $\tan\delta$ 及电容量试验
	作业 6-5　变压器本体绝缘电阻和吸收比试验
	作业 6-6　变压器套管电容量和介质损耗角正切值
断路器部分	作业 6-7　断路器机械特性
	作业 6-8　断路器线圈绝缘电阻
电流互感器部分	作业 6-9　电流互感器绝缘电阻
电压互感器部分	作业 6-10　电压互感器绝缘电阻
避雷器部分	作业 6-11　避雷器直流 1mA（U_{1mA}）及 $0.75U_{1mA}$ 下的泄漏电流试验
	作业 6-12　避雷器底座绝缘电阻
	作业 6-13　避雷器放电计数器校验

表 6-2 　　　　　　　　　一次专业校验项目清单

分类	作业名称
主变压器部分	作业 6-14　有载开关吊检
	作业 6-15　油化试验

续表

分类	作业名称
GIS 部分	作业 6-16　全回路电阻试验
	作业 6-17　SF_6 微水测试
	作业 6-18　SF_6 密度继电器校验
断路器部分	作业 6-19　防跳功能验证
	作业 6-20　三相不一致功能验证
	作业 6-21　弹簧机构关键参数测量

详细内容见附录 C 中的作业 6-1~ 作业 6-21。

五、检修技术要求

作业方案应认真编写关键质量及工艺控制措施，并在作业过程当中进行严格把控，发现问题及时处理。具体检修普通技术点和关键及技术点见表 6-3 和表 6-4。

表 6-3　　　　　　　　　　　本次检修普通技术点

序号	普通技术点	控制措施
1	标准化作业	检修各参加单位（部门）应严格按照项目清单和标准作业执行卡要求在现场开展检修标准化作业，严禁随意变更、取消检修项目，做到"不缺项、不漏项、不错项"
2	文明施工	坚持文明施工，做到工作现场器具、材料摆放井然有序，不降低标准和要求、不偷工减料、不遗留杂物，保证工完、料净、场清
3	检修全过程管理	各单位要加强检修全过程管理，使检修质量得到有效保证。检修各环节要做好原始记录，确保工艺执行到位、有据可查。作业负责人对于发现的问题及时汇报，对于新发现的重大问题及时编制可行的处理方案，经审批后执行
4	规范验收	检修工作完毕后，严格按照验收工作流程进行

续表

序号	普通技术点	控制措施
5	机构箱密封检查	检查机构箱密封性是否良好，有无渗漏，如有渗漏做好防渗漏措施
6	机构加热器检查	检查加热器是否正常工作，查看加热器功率是否符合现行技术规范
7	一、二次联动试验	保护装置做传动试验时，应通知该设备检修总负责人，并派人到现场监视
8	按图施工	根据实际需要未按照设计图纸施工的，应提前与设计沟通取得设计同意，并让设计出具设计变更联系单
9	清洁绝缘子	严格按照相关规程清洁绝缘子，绝缘子表面清洁、无损伤

表 6-4　　　　　　　　　　　　　本次检修关键技术点

序号	关键技术点	控制措施
1	设备搭接面检查处理	设备维护及大修后主回路搭接面直阻测试，每个搭接面电阻不大于 $15\mu\Omega$，如大于 $15\mu\Omega$ 检查处理
2	断路器防跳功能验证	断路器处于"分闸"状态（弹簧系统储能完毕），先按分闸按钮，再按合闸按钮（保持到储能完毕），断路器合闸后马上分闸，尽管"合闸"命令存在，但断路器不能重合。断路器处于"合闸"状态（弹簧系统储能完毕），先按合闸按钮，再按分闸按钮，断路器只能分闸不能重合
3	分合闸线圈空程、行程测试	110kV 平高 ZF12-126（L）型断路器弹簧机构合闸线圈空程标准值为 2.5mm±0.5mm（参考），行程标准值为 5.0mm±0.2mm（参考）；分闸线圈空程标准值为 0.5~1.0mm（参考），行程标准值为 2.8~3.5mm（参考）；凸轮间隙标准值为 1.5mm±0.2mm（参考）
4	保护传动	每套保护装置需模拟各种类型的故障（包括单相瞬时接地故障、单相永久接地故障、两相短路故障等），观察保护装置、保护操作箱、开关的动作行为正确
5	现场执行卡	各间隔检修工作严格参照综合检修标准作业卡执行
6	二次绝缘测试	用 1000V 绝缘电阻表测量回路对地的绝缘电阻，其绝缘电阻应大于 $2M\Omega$

序号	关键技术点	控制措施
7	电压互感器检查	电压互感器的 N 端确认接地良好
8	气体回收	回收前确认气室位置，防止回错气室；气室回收至零表压后，对该气室抽真空 10min，再使用过滤器安装在充气接头上，让气室与外部大气的压力平衡，确保检修更换作业的安全
9	密封面清理	根据现场情况用锉刀、400 号砂纸、百洁布按圆周方向对密封面进行打磨抛光；用吸尘器对圆周孔、密封面吸尘 3 次；用粘有酒精的白布进行三次认真擦拭、清理；要求密封面完好、无尖角毛刺、无划伤
10	密封圈装配	将密封圈涂抹少量硅脂装入密封槽内，清除周边多余的硅脂，特别关注密封圈内侧多余硅脂，认真清除
11	抽真空	抽真空前检查设备是否完好；特别注意回收装置的工作状态；检查管路装置是否完好，是否存在漏点；接好真空泵，更换吸附剂，抽真空，至少使真空度达 133Pa 以下，并继续抽真空 30min，停泵 30min，记录真空度（A），再隔 5h，读真空度（B），若 $B-A<133Pa$，则可认为合格；完毕后充 SF_6 气体至额定压力，静置 24h 后进行微水和气密性测试
12	微水检测	运行中灭弧气室，不大于 $300\mu L/L$；运行中非灭弧气室，不大于 $500\mu L/L$；大修后灭弧气室，不大于 $150\mu L/L$；非灭弧气室，不大于 $250\mu L/L$
13	气密性检测	使用 SF_6 气体检漏仪、红外检漏仪等检漏仪器，明确有无漏点
14	液压碟簧断路器油处理	机构油压卸到零压，放掉液压油，对机构进行加油，用抽真空的方法加油，具体步骤如下：打开高压放油阀，合上放油阀，对机构进行放油，将真空泵接到低压接头上，通过过滤器将油桶连接到低压放油阀上，在分闸位置用真空泵抽真空，同时利用闭锁工具将分合先导阀全部打开，并保持住 3min，缓慢打开放油阀，给操动机构充油，一直充到油位到油标上沿圆孔中间位置，关闭放油阀，抽真空 3min，关闭真空泵，等待油杯中液压油完全进入油箱冲洗，冲洗后按照上述步骤再次进行放油和真空注油，待油杯中液压油完全进入油箱后，去掉真空泵。装上低压接头螺堵，抬起泄压手柄（泄压阀闭合），将闭锁工具拆下，启动油泵贮能，分、合操动机构 5 次。油处理完毕后擦除原有油迹进行保压试验并检查密封

续表

序号	关键技术点	控制措施
15	液压碟簧断路器储能缸更换	放油后，拆下储能缸，更换连接套密封圈，将连接套装入储能缸；将连接套装入工作缸，推动储能缸与工作缸对接；在连接套进入工作缸安装孔时，用强光手电观察密封圈是否切圈；储能缸螺栓力矩 80N·m，最后进行抽真空注油。更换完毕后擦除原有油迹进行保压试验并检查密封
16	密度继电器三通阀加装	首先拆除密度继电器二次线路并作标识，然后拆除密度继电器，将密度继电器与新三通阀连接，再将三通阀与原密度继电器所接位置连接。安装完毕后，打开三通阀，少量排出 SF_6 气体冲洗三通阀及密度继电器，最后连接密度继电器二次线路并校验，24h 后进行微水和气密性测试
17	三相联通断路器气室分相密度继电器改造	首先拆除密度继电器二次线路并作标识，拆除三相连接管路和 A 相密度继电器，然后将新三通阀与各相密度继电器连接，再将各相三通阀与各相充气口连接。安装完毕后，打开三通阀，少量排出 SF_6 气体冲洗三通阀及密度继电器，最后连接密度继电器二次线路并校验，24h 后进行微水和气密性测试

【知识小结】

本任务详细介绍了 220kV GIS 变电站典型的 220kV 停单母线 + 轮停线路及主变压器检修的停役方式下的综合检修方案，从工作内容、人员分工、停役方式、危险点、预控措施、技术措施等方面展现了综合检修方案的编写方法，并着重介绍了多项具体检修、试验项目的实施方法和注意事项。

【思考与练习】

问题一　弹簧机构关键参数测量时需使用（　　　）。
A. 钢卷尺　　　　　B. 塞尺　　　　　C. 皮卷尺　　　　　D. 直角尺

问题二　在 GIS 开关室内进行微水测试时，应检测含氧量不低于（　　　）。
A.15%　　　　　B.16%　　　　　C.17%　　　　　D.18%

问题三　如何防范有限空间作业风险？

任务 7　110kV 停单母及该母线上线路

【任务目标】

（1）学习 220kV GIS 变电站典型停役方式下的综合检修作业。

（2）掌握 220kV GIS 变电站典型停役方式下检修注意事项。

【任务描述】

220kV 变电站内 110kV 设备大多数是单母线分段接线，检修时通常一段母线停役，另一段母线运行，同时可进行一台主变压器及多条线路轮停，分阶段停役即可完成所有间隔的检修工作。本任务以 220kV 启航变电站为例，介绍综合检修的此停役方式、检修任务、危险点及预控措施、技术措施等，并介绍主要校验项目实施流程。与任务 6 中重复的内容不再赘述。

【操作指南】

一、综合检修任务及分工

220kV 启航变计划于 2023 年 10 月 10—17 日开展 220kV 启航变电站 110kV 各间隔综合检修，同步进行相关设备消缺、反措及精益化评价整改等工作。本次检修主要涉及 110kV 间隔 9 个，共分为两个阶段。

（一）第一阶段工作（2023 年 10 月 10—13 日）

1 号主变压器 110kV 断路器，110kV Ⅰ、Ⅱ段母分断路器，线路 1101、线路 1102 断路器及线路间隔，110kV Ⅰ段母线及电压互感器间隔工作如下：

（1）一次设备预试、维护、消缺、反措、精益化检查与整改，组合电器大修，接地开关隐患处理；

（2）配合 110kV Ⅰ/Ⅱ段母分、线路 1101、线路 1102 保护测控校验传动，二次端子紧固，二次专业排雷，精益化检查与整改；

（3）一站一库问题整改。

（二）第二阶段工作（2023 年 10 月 14—17 日）

2 号主变压器 110kV 断路器，110kV Ⅰ、Ⅱ 段母分断路器，线路 1103、线路 1104 断路器及线路间隔，110kV Ⅱ 段母线及电压互感器间隔工作如下：

（1）一次设备预试、维护、消缺、反措、精益化检查与整改，组合电器大修，接地开关隐患处理；

（2）配合 110kV Ⅰ/Ⅱ 段母分、线路 1103、线路 1104 保护测控校验传动，二次端子紧固，二次专业排雷，精益化检查与整改；

（3）一站一库问题整改。

二、一次停役方式主接线图

第一阶段、第二阶段设备停役简图如图 7-1 和图 7-2 所示。

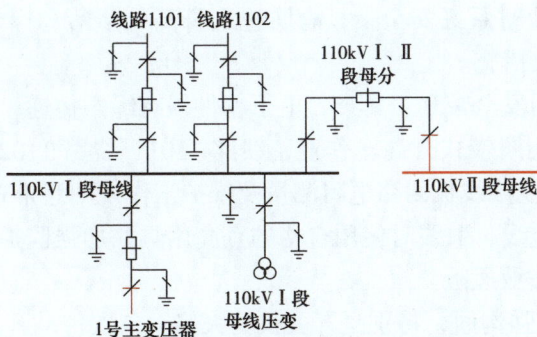

图 7-1　第一阶段设备停役简图

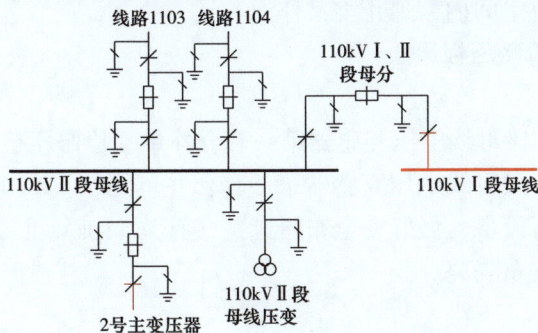

图 7-2　第二阶段设备停役简图

三、危险点预控措施执行

1. 人身触电防范措施

第一阶段：110kV Ⅱ段母线带电运行，工作地点相邻的线路 1103 断路器及线路间隔运行，1 号主变压器 110kV 主变压器隔离开关主变压器侧带电。

第二阶段：110kV Ⅰ段母线带电运行，工作地点相邻的线路 1102 断路器及线路间隔运行；

工作中注意与带电部位保持足够安全距离（人身：110kV 时不小于 1.5m；起重设备：110kV 时不小于 5m），工作时加强监护，严禁穿越围栏。

2. 防感应电和突然来电措施

第一阶段：在线路 1101、线路 1102 线路隔离开关线路侧各挂接地线一副。

第二阶段：在线路 1103、线路 1104 线路隔离开关线路侧各挂接地线一副。

3. 防高空坠落、高空落物措施

（1）登高作业时系好安全带，有防止人身高处坠落、梯子倾斜摔倒伤人、交叉作业落物伤人措施。

（2）正确使用安全带和工具袋，上下物件须有绳索传递，严禁高空抛物。

（3）正确使用履带式升高车作业，线路 1101、线路 1102、线路 1103、线路 1104 线路套管上接线板回路电阻测量及维护工作使用履带式升高车。

（4）拆接接地线、引线时使用合格的登高用具并加强监护。

4. 防止交叉作业风险

（1）各专业加强沟通，特别是开关机构大修、二次传动开关、高压试验时，防止交叉作业。传动试验前，二次必须征得一次工作负责人同意，确定无人在开关上工作时方可进行。

（2）同一垂直空间内，禁止交叉作业。

5. 防止误投检修压板风险

第一阶段：

（1）110kV Ⅰ段母线电压互感器第一套合并单元检修压板做好禁投措施。

（2）110kV Ⅰ段母线电压互感器第一套合并单元涉及 110kV 部分间隔级联电压，应视为运行设备，做好安全布幔遮盖，有关 110kV Ⅱ段电压空气开关及端子用红色绝缘胶布隔离。

第二阶段：

（1）110kV Ⅱ段母线电压互感器第一套合并单元检修压板做好禁投措施。

（2）110kV Ⅱ段母线电压互感器第一套合并单元涉及 110kV 部分间隔级联

电压，应视为运行设备，做好安全布幔遮盖，有关 110kV Ⅰ段电压空气开关及端子用红色绝缘胶布隔离。

6. 防止线路电压互感器二次反送电风险

做好线路电压互感器二次侧电压端子隔离措施。

7. 其他防范措施

其他高压试验防范措施、防范 SF_6 气体中毒措施、防止校验工作风险、防止外来人员失去监护、防止机构机械伤害、防止遥控误出口、防止网安告警、防止后台数据消失等均可参考任务 6 执行。

四、校验项目实施

电气试验专业校验项目清单见表 7-1，一次专业校验项目清单见表 7-2。

表 7-1　　　　　　电气试验专业校验项目清单

分类	作业名称
断路器部分	断路器机械特性（参考作业 6-7）
	断路器线圈绝缘电阻（参考作业 6-8）
电流互感器部分	电流互感器绝缘电阻（参考作业 6-9）
电压互感器部分	电压互感器绝缘电阻（参考作业 6-10）
避雷器部分	避雷器直流 1mA（U_{1mA}）及 $0.75U_{1mA}$ 下的泄漏电流试验（参考作业 6-11）
	避雷器底座绝缘电阻（参考作业 6-12）
	避雷器放电计数器校验（参考作业 6-13）

表 7-2　　　　　　一次专业校验项目清单

分类	作业名称
GIS 部分	全回路电阻试验（参考作业 6-16）
	SF_6 微水测试（参考作业 6-17）
	SF_6 密度继电器校验（参考作业 6-18）
断路器部分	防跳功能验证（参考作业 6-19）
	弹簧机构关键参数测量（参考作业 6-20）

一次专业 GIS 设备回路电阻试验、微水测试，断路器防跳功能验证、SF_6 密度继电器校验项目实施均可参考任务 6 执行。

差异化：220kV 断路器一般是三相机构，其中主变压器、母联、母分间隔的断路器一般为三相机械联动机构，线路间隔的断路器一般为三相非机械联动，它们在检修时均需进行三相不一致功能校验。110kV 断路器是单相机构，无三相不一致功能，不需进行该项校验工作。

五、检修技术要求

检修普通技术点请参考任务 6，本节主要列举本施工方案的检修关键技术点，详见表 7-3。

表 7-3　　　　　　　　　　本次检修关键技术点

序号	关键技术点	控制措施
1	设备搭接面检查处理	主变压器套管解头后，恢复接线时，测试搭接面电阻，每个搭接面电阻不大于 $15\mu\Omega$，如大于 $15\mu\Omega$ 检查处理
2	油务系统准备	（1）储油罐就位，放尽残油并清洗干净，做好防止雨水、潮气侵入的措施。 （2）有载开关油室抽油时使用齿轮油泵，补油时使用"三零"智控补油机
3	二次绝缘测试	信号回路绝缘要求大于 $1M\Omega$，控制回路绝缘要求大于 $10M\Omega$，电压、电流回路绝缘要求大于 $10M\Omega$
4	电气试验	（1）严格按照 GB/T 7597—2007《电力用油（变压器油、汽轮机油）取样方法》和 DL/T 722—2014《变压器油中溶解气体分析和判断导则》中规定的要求进行取样，并有防漏油、喷油措施。 （2）严格按照《国家电网公司变电检测管理规定（试行）》[国网（运检/3）829—2017]、Q/GDW 1168—2013《输变电设备状态检修试验规程》、DL/T 596—2021《电力设备预防性试验规程》以及事先制定的试验项目进行试验，不得缺项
5	开关防跳功能验证	开关处于"分闸"状态，先按分闸按钮，再按合闸按钮，开关合闸后马上分闸，尽管"合闸"命令存在，但断路器不能重合。开关处于"合闸"状态，先按合闸按钮，再按分闸按钮，断路器只能分闸不能重合
6	现场执行卡	C 级检修严格参照综合检修标准作业卡执行

续表

序号	关键技术点	控制措施
7	抽真空	设备抽真空时真空度抽至 133Pa 后，再抽真空 0.5h，静置 0.5h，记录真空度 A，再静置 5h 后测量真空度 B，要求 $B-A \leq 133Pa$，否则应检漏
8	螺栓紧固	（1）螺栓紧固的顺序，应先按对角线预紧固，然后再按厂家技术要求用力矩扳手进行最终紧固，并用黑色记号笔作出紧固标记。 （2）螺栓紧固后，对户外 GIS 应在法兰接缝、安装螺孔、跨接片接触面周边、法兰对接面注胶孔、盆式绝缘子浇注孔等部位涂防水胶
9	SF_6 湿度及气密性检测	（1）充气至额定压力并静置 24h 后进行 SF_6 湿度及气密性检测。 （2）气室湿度要求为大修后非灭弧气室小于等于 250μL/L。 （3）气密性要求定性检漏无泄漏
10	涂抹硅脂	在涂抹硅脂时，需检查密封面有无磕碰、划伤和密封圈有无龟裂、损伤等，并清理密封面及密封圈，将密封圈上的硅脂涂均匀后，即可进行装配
11	气室解体	（1）对于解体时的零部件要进行防潮、防尘防护，并做好解体零部件的标记，以备复装能够准确找准位置。 （2）O 形圈、挡圈、干燥剂等需要全部更换。吸附剂必须放置在干燥处，如发现吸附剂涨袋或显色卡变红则不能使用
12	绝缘件清理	目视检查并用手触摸盆子、O 形圈，表面无划伤、毛刺和缺陷；盆子清理时，先用工业洁净纸浸上酒精擦拭盆式绝缘子的绝缘部分，再用工业洁净纸擦拭盆式绝缘子的导体部分。O 形圈和其他绝缘件清理时，用工业洁净纸浸上酒精擦拭零件表面
13	防止设备损坏	开关气室 SF_6 气体压力低于额定值时，禁止进行特性试验、开关传动等工作，以防损坏开关

【知识小结】

本章节介绍了 110kV 停单母 + 该母线上线路检修任务，列举了任务和分工、一次停役方式主接线图、危险点预控措施、校验项目实施和检修技术要求等。在检修中，计划调度专职应根据不同情况，考虑是否需要将主变压器检修一并加入 110kV 母线综合检修工作中。如有主变压器工作，可参考任务 6 相关内容。

【思考与练习】

问题一　110kV 停单母 + 该母线上线路检修停役方式下，哪些隔离开关和接地开关禁止操作？有什么措施防止其动作？

问题二　当厂家无具体要求时，气室抽真空应按照什么规定进行？

任务 8　35kV 母线轮停

【任务目标】

（1）学习 35kV 母线轮停检修方案的编写。

（2）学习 35kV 母线轮停检修"三措一案"的编写。

【任务描述】

220kV、110kV 变电站 35kV 电压等级母线大多采用多母线分段结构，安排检修计划时，通常停役方式采取工序连续、多阶段、多专业结合的形式。本节任务以典型单段 35kV 母线连续停役方式为例，配合相应主变压器三侧或两侧开关检修的形式，介绍 35kV 母线综合检修的各项事宜，着重展现执行过程中的各项关键节点的管控及实施。

【操作指南】

一、综合检修工作概况

220kV 启航变电站 2021 年 9 月开展 35kV 母线轮停集中检修工作，本次检修停电时间为 6 月 27—29 日和 7 月 4—7 日（两个阶段），经统计，本次检修工程主要涉及 35kV 间隔 23 个。共计 6 项大修，一站一库和缺陷共计 30 项。主要工作内容如下。

（一）第一阶段

1. 35kV 开关室

35kV Ⅱ 段母线及电压互感器、2 号主变压器 35kV 断路器、35kV 母分断路器、2 号补偿所用变压器断路器、线路 3505 断路器及线路、线路 3506 断路器及线路、3 号容器断路器、4 号电容器断路器、线路 3503 断路器、线路 3507 断路器及线路、线路 3508 断路器及线路、3 号电抗器断路器、4 号电抗器断路器间隔：

（1）各间隔开关隐患整治（×× 公司断路器分闸扇形板更换包括 35kV 母分断路器）；

（2）3、4 号电抗器断路器更换，3、4 号电容器断路器更换；

（3）各间隔一次设备预试、维护、消缺，配合保护测控校验，消缺、反措、精益化检查与整改，二次专业排雷（进线桥架打落水孔、开关全回路电阻测试）；

（4）35kV 母分保护改定值。

2. 户外电容器、电抗器场地

3 号电抗器、4 号电抗器、3 号电容器、4 号电容器间隔：一次设备预试、维护，消缺、反措、精益化检查与整改。

3. 户外变压器场地

（1）2 号补偿所用变压器间隔：一次设备预试、维护，消缺、反措、精益化检查与整改。

（2）2 号主变压器穿墙套管处、2 号主变压器 35kV 独立电流互感器防腐检查。

（二）第二阶段

1. 35kV 开关室

35kV Ⅰ 段母线及电压互感器、1 号主变压器 35kV 断路器、35kV 母分断路器、线路 3501 断路器及线路、线路 3502 断路器、1 号电容器断路器、2 号电容器断路器、线路 3503 断路器、线路 3504 断路器及线路、1 号补偿所用变压器断路器、1 号电抗器断路器、2 号电抗器断路器间隔：

（1）各间隔断路器隐患整治（断路器分闸扇形板更换）；

（2）1、2 号电抗器断路器更换，1、2 号电容器断路器更换；

（3）各间隔一次设备预试、维护，配合保护测控校验，消缺、反措、精益化检查与整改，二次专业排雷（进线桥架打落水孔、开关全回路电阻测试）。

2. 户外电容器、电抗器场地

1 号电抗器、2 号电抗器、1 号电容器、2 号电容器间隔：一次设备预试、维护；消缺、反措、精益化检查与整改。

3. 户外变压器场地

（1）1 号补偿所用变压器间隔：一次设备预试、维护；消缺、反措、精益化检查与整改。

（2）1号主变压器穿墙套管处、1号主变压器35kV独立电流互感器防腐检查。

二、设备停役方式图

第一、二阶段设备停役简图如图8-1、图8-2所示。

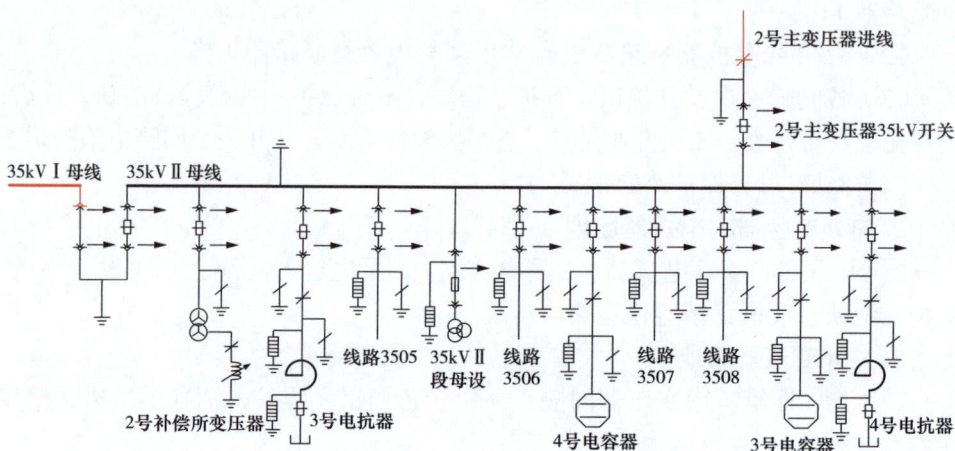

图8-1　第一阶段设备停役简图

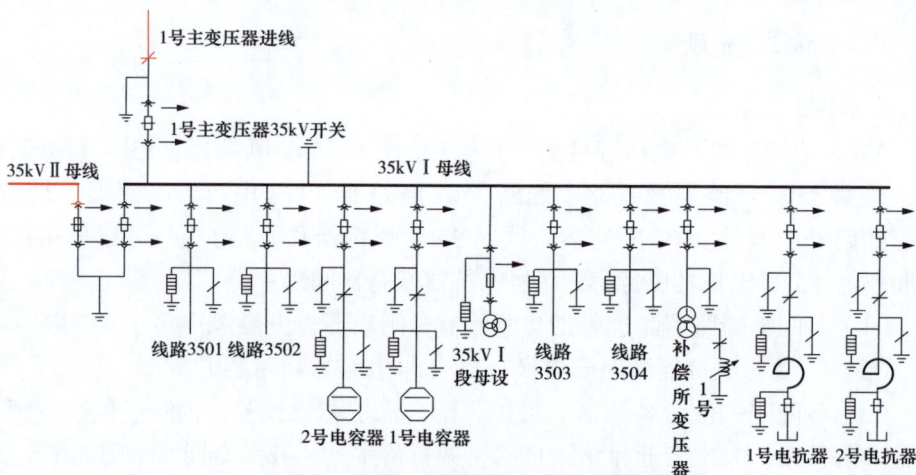

图8-2　第二阶段设备停役简图

三、组织形式及工期安排

（一）组织措施

现场总指挥：肖××

现场技术负责人：徐××、徐××

变电检修班周××总负责。

变电检修班负责一次部分，张××负责，工作班成员8人。

电气试验班负责试验部分，林××负责，工作班成员6人。

继电保护班负责二次部分，金××负责，工作班成员4人。

总计：工作班成员30人，其中厂家人员4~6人，民工4人。

（二）工期安排

第一阶段、第二阶段工作安排见表8-1和表8-2。

表 8-1　　　　　　　　　　第一阶段工作安排

日期	主要工作内容预安排
6月27日	许可工作票，挂设接地线。 1. 35kV 开关室 35kV Ⅱ段母线及各间隔：各开关隐患整治工作，配合开关维护工作。 2. 户外场地 3、4号电抗器及3、4号电容器间隔：一次设备维护及消缺工作
6月28日	1. 35kV 开关室 35kV Ⅱ段母线及各间隔：各开关隐患整治工作继续进行，3、4号电抗器及3、4号电容器开关试验及更换工作。 2. 户外场地 3、4号电容器及3、4号电抗器间隔：一次设备维护及消缺工作
6月29日	1. 35kV 开关室 35kV Ⅱ段母线及各间隔：35kV Ⅱ段母线及各间隔C检，柜顶、柜内清扫，全回路电阻、桥架落水孔等工作；配合验收。 2. 户外场地 3、4号电抗器及2号补偿所用变压器间隔、2号主变压器35kV独立电流互感器：一次设备维护及消缺、防腐工作；配合验收

表 8-2　　　　　　　　　　第二阶段工作安排

日期	主要工作内容预安排
7月4日	许可工作票，挂设接地线。 1. 35kV 开关室 35kV Ⅰ段母线及各间隔：各开关隐患整治工作，配合开关维护工作。 2. 户外场地 1、2号电抗器及1、2号电容器间隔：一次设备维护及消缺工作

日期	主要工作内容预安排
7月5日	1. 35kV 开关室 35kV Ⅱ段母线及各间隔：各断路器隐患整治工作继续进行，1、2号电抗器及1、2号电容器断路器试验及更换工作。 2. 户外场地 1、2号电容器及1、2号电抗器间隔：一次设备维护及消缺工作
7月6日	1. 35kV 开关室 35kV Ⅱ段母线及各间隔：35kV Ⅱ段母线及各间隔C检、柜顶、柜内清扫，全回路电阻、桥架落水孔等工作。 2. 户外场地 1、2号电抗器及1、2号补偿所用变压器间隔、1号主变压器35kV独立电流互感器：一次设备维护及消缺、防腐工作
7月7日	1. 户外场地 1号电抗器、2号电抗器、1号电容器、2号电容器、1号补偿所用变压器间隔：间隔防腐，精益化检查等，配合验收。 2. 35kV 开关室 35kV Ⅰ段母线及各间隔：封堵收尾，配合验收

注 如有提前完成或其他变化，按照相应情况进行工作安排调整。

四、危险点及预控措施执行

（一）触电伤害

第一阶段：6月27—29日，工作地点相邻间隔带电运行，35kV 母分过渡触头柜内Ⅰ段母线侧触头带电，2号主变压器35kV 主变压器隔离开关主变压器侧带电，相邻1号主变压器35kV 开关带电运行，与3号电抗器相邻的1号电抗器带电运行，与4号电抗器相邻的2号电抗器、线路1001线带电运行，与4号电容器相邻的2号电容器带电运行，与3号电容器相邻的1号电容器带电运行，与2号补偿所用变压器相邻的1号主变压器35kV 独立电流互感器及穿墙套管带电运行，2号主变压器35kV 穿墙套管及独立电流互感器、2号补偿所用变压器上方1号主变压器35kV 跨线带电运行，工作时放置"上方带电"标示牌，工作时注意保持足够带电距离（110kV 时，≥1.5m；35kV 时，≥1.0m）。

第二阶段：7月4—7日，工作地点相邻间隔带电运行，35kV 母分开关柜内Ⅱ段母线侧触头带电，1号主变压器35kV 主变压器隔离开关主变压器侧带电，相邻线路3504间隔带电运行，与1号电抗器相邻的3号电抗器带电运行，与 2 号电抗器相邻的 4 号电抗器、线路 1002 线带电运行，与 2 号电容器相邻的 4 号电容器带电运行，1 号电容器相邻的 3 号电容器带电运行，与 1 号主变压器 35kV 独立电流互感器及穿墙套管相邻的 2 号补偿所用变压器带电运行，2 号主变压器 35kV 跨线带电，工作时注意保持足够带电距离（110kV 时，≥ 1.5m；35kV 时，≥ 1m）。

（二）高空坠落，高空落物危险

有防止人身高处坠落、梯子倾斜摔倒伤人、交叉作业落物伤人措施。上下物件须有绳索传递，严禁高空抛物。

（三）临时用工风险

严格执行厂家和临时用工教育制度，设立专职监护人。现场民工等临时用工外部施工人员须严格管理，工作前做好交底，严禁无监护工作。

（四）各交叉作业存在触电危险

多班组配合作业，合理安排工作流程，严禁交叉作业。

（五）防感应电和突然来电

全回路电阻试验时，严禁拆开来电侧接地；

第一阶段：在线路 3505 线路电缆处、2 号补偿所用变压器断路器电缆处、线路 3506 线路电缆处、线路 3507 线路电缆处、线路 3508 线路电缆处、3 号电抗器断路器电缆处、4 号电抗器断路器电缆处、3 号电容器断路器电缆处、4 号电容器断路器电缆处各挂接地线一副；在 2 号补偿所用变压器高压侧，3 号电抗器、4 号电抗器、3 号电容器、4 号电容器隔离开关侧两侧各挂接地线一副。

第二阶段：在线路 3501 线路电缆处、线路 3502 线路电缆处、线路 3503 线路电缆处、线路 3504 线路电缆处、1 号补偿所用变压器断路器电缆处、1 号电抗器断路器电缆处、2 号电抗器断路器电缆头处、1 号电容器断路器电缆处、2 号电容器断路器电缆处各挂接地线一副；在 1 号补偿所用变压器高压侧，1 号电抗器、2 号电抗器、1 号电容器、2 号电容器隔离开关侧两侧各挂接地线一副。

（六）低压触电

工作中加强对试验电源、检修电源、变电站控制室内所用电屏、直流屏、照明和保护控制电源的电源管理和监护，加压或传动时，必须加强联系和监护，施工电源拆接符合规范，电源线必须绝缘良好，布线应整齐，检修人员应将电线接在连接线端子上，后关检修箱门，电线严禁直接挂在隔离开关上。低压检修电源接入时两人进行，检查确认无误后方可送电。

（七）动火作业

电、气焊作业，动火区域内应配备消防设施；氧气和乙炔瓶的摆放距离不得小于 5m。

（八）起重吊装（生活区）

吊机工作须听从吊机指挥员指挥，起吊前检查周围情况，加强监护，吊机回转半径内及吊臂下严禁站人。施工时要注意人身、设备、机械、材料等与带电运行设备的安全距离：人身，110kV 时大于等于 1.5m，35kV 时大于等于 1.0m；起重设备，110kV 时大于等于 5m，35kV 时大于等于 1.0m。吊机工作，设专人监护指挥，统一调度，步调一致，筒体悬空时，设置缆风绳，若有夜间起吊，注意现场照明环境。

（九）机械伤害

（1）断路器机构检修，断路器试验传感器安装、更改试验接线前，应断开断路器控制电源、储能电源，并完全释放预存能量，防止机械伤人；

（2）隔离开关检修时应将电机操作电源拉开。

（十）开关柜顶误踩小母线

（1）开关柜顶工作，必须从小母线对侧架梯子上下；

（2）加强监护，所有工作人员包括外协人员必须知晓此危险点。

（十一）高压试验

高压试验区应装设专用遮栏或围栏，向外悬挂"止步，高压危险！"的标示牌，并有专人监护，严禁非试验人员进入试验场地；试验过程应派专人监护，升压时进行呼唱，试验人员在试验过程中注意力应高度集中，防止异常情况的发生。当出现异常情况时，应立即停止试验，查明原因后，方可继续试验；试验结束后，恢复被试设备原来状态，进行检查和清理现场。

五、校验项目实施

电气试验专业检验项目清单见表 8-3，一次专业检验项目清单见表 8-4。

表 8-3　　　　　　　　电气试验专业检验项目清单

分类	作业名称
断路器部分	作业 8-1　断路器机械特性
	作业 8-2　断路器断口间绝缘电阻
	作业 8-3　真空断路器耐压试验
电流互感器（干式）部分	作业 8-4　电流互感器（干式）绝缘电阻
电压互感器部分	作业 8-5　电压互感器绝缘电阻
避雷器部分	作业 8-6　避雷器直流 1mA（U_{1mA}）及 0.75U_{1mA} 下的泄漏电流试验
	作业 8-7　避雷器底座绝缘电阻
	作业 8-8　避雷器放电计数器校验
所用变压器（干式）部分	作业 8-9　所用变压器（干式）直流电阻
	作业 8-10　所用变压器（干式）绕组绝缘电阻
	作业 8-11　所用变压器（干式）铁芯绝缘电阻
电容器组部分	作业 8-12　电容器电容量
	作业 8-13　电容器绝缘电阻
	作业 8-14　串联电抗器直流电阻
	作业 8-15　串联电抗器绝缘电阻

表 8-4　　　　　　　　一次专业检验项目清单

分类	作业名称
开关柜部分	作业 8-16　全回路电阻测试
	作业 8-17　五防功能验证

详细内容见附录 C 中的作业 8-1~ 作业 8-17。

六、检修技术要求

综合检修工作过程中作业内容多，时间紧迫、多专业轮作，应严格执行各类现场检修作业卡，并在作业过程当中进行严格把控，发现问题及时处理。部分检修普通技术点参照任务六、任务七，详见表 8-5 和表 8-6。

表 8-5   本次检修普通技术点

序号	普通技术点	控制措施
1	标准化作业	检修各参加单位（部门）应严格按照项目清单和作业指导卡要求在现场开展检修标准化作业，严禁随意变更、取消检修项目，做到"不缺项、不漏项、不错项"
2	文明施工	坚持文明施工，做到工作现场器具、材料摆放井然有序，不降低标准和要求、不偷工减料、不遗留杂物，保证工完、料净、场清
3	检修全过程管理	各单位要加强检修全过程管理，使检修质量得到有效保证。检修各环节要做好原始记录，确保工艺执行到位、有据可查。作业负责人对于发现的问题及时汇报，对于新发现的重大问题及时编制可行的处理方案，经审批后执行
4	规范验收	检修工作完毕后，严格按照"一级"验收工作流程进行。验收合格后验收组全体成员在验收报告上签字确认
5	检修资料归档	各施工单位（部门）应在检修工作结束一周内，完成检修和试验报告整理和检修工作总结
6	各设备密封检查	检查机构箱密封性是否良好，有无渗漏，如有渗漏做好防渗漏措施
7	开关柜加热器检查	检查加热器是否正常工作，查看加热器功率是否符合现行技术规范
8	一、二次联动试验	（1）保护装置做传动试验时，应通知该设备检修总负责人，并派人到现场监视。 （2）保护传动试验时，需攀登一次设备（主变压器本体），应在有经验的第二人监护下进行，并戴好安全帽，系好安全带
9	按图施工	根据实际需要未按照设计图纸施工的，应提前与设计沟通取得设计同意，并让设计出具设计变更联系单
10	清洁绝缘子、绝缘件	严格按照相关规程作业，绝缘子表面清洁、无损伤

表 8-6 本次检修关键技术点

序号	关键技术点	控制措施
1	设备搭接面检查处理	（1）设备维护及大修后主回路搭接面直阻测试，每个搭接面电阻不大于 15μΩ，如大于 15μΩ 检查处理。 （2）搭接面对接螺栓力矩符合要求：M12，90N·m；M16，120N·m
2	断路器防跳功能验证	断路器处于"分闸"状态，先按分闸按钮，再按合闸按钮，断路器合闸后马上分闸，尽管"合闸"命令存在，但断路器不能重合。断路器处于"合闸"状态，先按合闸按钮，再按分闸按钮，断路器只能分闸不能重合；断路器处于"分闸"状态，先按分闸按钮，再按合闸按钮，断路器合闸后马上分闸，尽管"合闸"命令存在，但断路器不能重合。开关处于"合闸"状态，先按合闸按钮，再按分闸按钮，断路器只能分闸不能重合
3	防腐要求	（1）除了常规防腐，需注意间隔内金属支撑部分防腐。 （2）锈蚀设备至少一底一面。 （3）停电范围内户外支架全部加固。 （4）若有避雷器，焊接处焊渣必须清理干净，至少一底一面
4	低压侧绝缘化	绝缘自粘带收口要按照要求进行打结防止松脱
5	全回路电阻测试	（1）全回路电阻测试结果符合制造厂规定。历次测试结果比较应无明显差异。 （2）开关柜全回路电阻试验时须先在待验开关柜线路侧挂临时接地线后，才可打开接地开关进行试验，试验完毕合上接地开关后才可拆除接地线。 （3）三相全回路电阻保持平衡，误差不得大于 20%，测试电流使用 100A 档
6	开关柜风机校验	额定电流 2500A 及以上开关柜应配置散热风机，启动采用电流和温度控制，当电流达到额定值的 50% 或者温度达到 45℃时自动启动，电流降至额定值的 45% 或者温度降至 40℃时返回。风机应具备自动和手动启动功能，风机安装方式应能满足带电处理的要求，风机应满足长期连续运行要求（＞30000h）
7	二次绝缘测试	信号回路绝缘要求大于 1MΩ；控制回路绝缘要求大于 10MΩ；电压、电流回路绝缘要求大于 10MΩ

【知识小结】

本章以 220kV GIS 变电站 35kV 母线轮停检修方案为例，分别从综合检修任务及分工、设备停役方式、危险点预控措施及校验项目等方面介绍了综合检修相关内容。侧重讲解了 35kV 设备的基本校验项目的实施流程，有助于提高学习者的实践能力。在此基础上，学习者以标准的综合检修方案为模板，结合实际情况，撰写检修方案和实际执行，达到熟练掌握 35kV 综合检修各环节的目的。

【思考与练习】

问题一　35kV 母线轮停时（以任务 8 为例），35kV 母分开关柜与 35kV 母分过渡柜之间的母线（铜排）安排在哪个阶段检修？为什么？

能力模块 三　GIS 变电站消缺

模块概说

随着 GIS 变电站逐年增多，各种设备缺陷也逐渐显现，比较常见的如二次回路故障、断路器机构故障、气室内部放电、绝缘盆漏气、设备家族性隐患等。设备带缺陷运行就像抱着一颗定时炸弹，不知何时就会导致严重后果，所以电力运检部门对各种缺陷都很重视。本模块将介绍几种常见典型缺陷案例及其原因分析和整改措施。

模块目标

知识目标

● 了解 GIS 变电站常见典型缺陷。

能力目标

● 学习消缺案例，根据案例描述学会分析原因，提出整改措施，举一反三，为后续工作提供参考。

任务 9　掌握 GIS 线路隔离开关气室闪络放电紧急消缺

【任务目标】

学习 GIS 紧急消缺的一般处理流程，了解 GIS 线路隔离开关气室的内部结构和分析过程，熟练掌握缺陷处理的安全注意事项及技术措施。

【任务描述】

GIS 设备气室闪络放电故障并不常见，出现时均为紧急缺陷故障，会伴随着设备非计划性停役，造成用户失电或者负荷损失。以 GIS 线路隔离开关气室闪络放电为例，介绍 GIS 设备气室的紧急故障处理流程，帮助学习者掌握 GIS 的内部结构和缺陷分析思路，提高检修人员 GIS 设备的故障处理和自助检修能力。

【操作指南】

一、案例描述

2019 年 8 月，运维人员在 220kV 启航变电站巡视发现线路 1101 保护动作，本线路断路器跳闸，报紧急缺陷进行管控。变电检修中心随后安排人员执行抢修工作，现场打开强排风装置，安排分解物测试，判断故障点位于线路隔离开关线路侧，进一步 X 射线检测发现，线路隔离开关气室内吸附剂塑料罩脱落，初步原因为塑料老化脆裂，掉落至 B、C 相导体上引起相间闪络放电。

由于用户负荷要求高，即编制抢修方案，申请停电计划进行彻底消缺。

二、原因分析

GIS 线路隔离开关吸附剂罩使用塑料材质，其长期暴露在高压、强电场以及 SF_6 分解物的条件下，老化加快，加之罩子上固定螺栓的应力，脆裂落至 B、C 相导体上引起相间闪络，随后产生大量粉尘（主要是金属铜、铝的化合物），气室绝缘强度迅速下降，发展至三相闪络短路。

三、整改成效及措施

2019 年 8 月，启航变电站线路 1101 进行事故抢修。由于处理筒体，抽真空及耐压试验需要，停役线路 1101 线路 7 天。

大致流程：处理封堵胶，搭建防尘棚，拆除线路隔离开关、电缆筒体各表计、电压互感器及避雷器等二次接线，回收气体，拆除对接面螺栓，拆除线路隔离开关机构，移动避雷器、电压互感器筒体及电缆，更换干燥剂罩，处理密封面，更换吸附剂，装复气室、安装试验筒体，抽真空、补气，常规试验，耐压局放试验，合格后拆除试验筒体，装复二次线缆及表计。

四、案例点评

此紧急缺陷涉及室内 GIS 设备的平移、吊装，使用多种吊装设备，关联到紧急情况下最小检修范围的确定，故障气室气体的处理，试验筒体套管的搭建和拆除，有较强的参考和学习意义，是 GIS 消缺的典型案例。

任务 10　掌握 GIS 断路器拒动消缺处理方法

【任务目标】

学习 GIS 断路器机构拒动的一般处理流程，了解 GIS 断路器机构的原理和故障分析过程，熟练掌握缺陷处理的安全注意事项及技术措施。

【任务描述】

GIS 设备中断路器机构是核心部件，断路器机构拒动是断路器常见缺陷之一，会导致断路器处于合闸位置无法控制，一旦外部线路及其他设备出现缺陷，造成越级跳闸，会扩大故障停电范围。GIS 设备的断路器多采用弹簧、液压－弹簧机构，本任务以弹簧机构的一起拒动事件处理来介绍断路器拒动的消缺处理。

【操作指南】

一、案例描述

2021 年 10 月，运维人员在 220kV 启航变电站 1 号主变压器停役操作中，拉开 1 号主变压器 220kV 断路器时报断路器三相不一致、现场检查断路器 A 相分位，B、C 合位，同时机构箱存在冒烟、烧焦气味，后运维人员拉开汇控柜控制回路电源。

后续检修人员执行抢修工作，手动对两台故障机构进行分闸操作，B、C 相机构直接人为敲击分闸电磁铁铁芯，均无法分闸。B 相多次敲击分闸掣子后机构分闸；C 相机构顶开分闸掣子可以明显看到分闸掣子打开，合闸保持掣子没有正常动作，后来通过直接撬动合闸保持掣子后机构才正常分开。由于用户负荷要求高，后续马上申请停电计划进行彻底消缺，如图 10-1 所示。

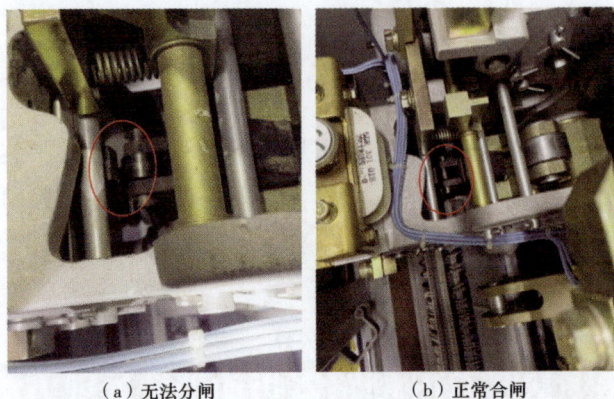

（a）无法分闸　　　　　　　　　（b）正常合闸

图 10-1　C 相分闸掣子打开后机构无法分闸，正常合闸位置保持的状态

二、原因分析

断路器拒动的主要原因是：合闸保持掣子与拐臂轴销质量不佳，加之弹簧操动机构在长期不动作的情况下，机构润滑水平降低，造成分闸脱扣系统阻力增大，使合闸保持掣子产生自平衡，导致了拒分。

后续经过返厂检测，现场机构在拒分一段时间后，无操作自动分闸。这是因为分闸线圈顶针撞击分闸掣子动作后，分闸掣子复位弹簧力理论上无法将分闸掣子压回原位置，即机构拒动后将长期处于图 10-2（b）所示状态，而并非图 10-2（a）所示正常合闸状态。此时摩擦阻力 F 不足或有所减小，合闸保持

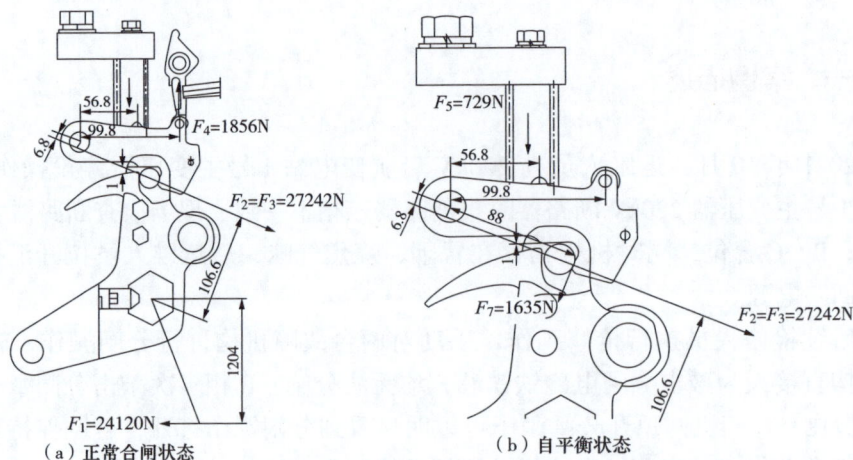

（a）正常合闸状态　　　　　　　　　　（b）自平衡状态

图 10-2　受力分析示意图

掣子和轴销可能在轻微位移后达到临界进而自动分闸。

三、整改成效及措施

2021 年 10 月，启航变电站 1 号主变压器 220kV 开关进行事故抢修。现场备件充足，停役时间为 1 天。

整改流程：释放拒动弹簧能量，拆除隐患拐臂和分合闸掣子、轴销，更换拐臂和分合闸掣子、轴销，调节分合闸电磁铁及凸轮间隙，更换后试验合格，设备复役。

四、案例点评

此紧急缺陷涉及 GIS 断路器弹簧机构的内部零部件拆装、检测试验，关联到机构各关键参数的测量、调节，是一起典型的机构部件更换维护案例，对检修有较强的参考学习意义。

任务 11　掌握 110kV GIS 单母线吸附剂罩更换消缺

【任务目标】

学习 GIS 吸附剂罩更换的一般检测处理流程，熟练掌握缺陷处理的安全注意事项及技术措施。

【任务描述】

为有效地保护 GIS 设备，提高 GIS 设备的性能和稳定性，GIS 设备气室内部会安装干燥剂和干燥剂罩。干燥剂和干燥剂罩一般放置在 GIS 设备内部，且放置位置应尽可能靠近设备的易受潮部位；干燥剂使用数量应根据 GIS 设备的大小和湿度情况确定，一般为每个设备放置 1~2 个。干燥剂罩通常采用稳定的金属制品，部分采用塑料制品的需要不停电检测，停电更换。以 GIS 单母线吸附剂罩更换为例，帮助学习者掌握 GIS 的内部结构，提高检修人员 GIS 设备的检测能力和自助检修能力。

【操作指南】

一、案例描述

2019 年 8 月，运维人员在 220kV 启航变电站巡视发现线路 1101 保护动作，本线路断路器跳闸，报紧急缺陷进行管控。后续检修人员执行抢修工作，更换了线路 1101 吸附剂罩，同时安排进行整站的吸附剂罩检测工作。根据检测结果，安排 110kV Ⅱ段母线停电更换塑料材质的吸附剂罩为不锈钢材质。

二、检测方法和原因分析

GIS 吸附剂罩的不停电检测采用大功率 X 射线检测的方法，根据不同材质的吸附剂罩材料在高强度 X 射线下的不同形态来判断其材质。对于非金属材质的罩安排停电进行更换，对于金属材质的结合大功率 X 射线检查其状态，综合研判后，确定检修策略。

GIS 塑料吸附剂罩脆裂原因详见任务 3。

三、整改成效及措施

2019 年 10 月，启航变电站 110kV Ⅰ段母线安排停电综合检修。由于处理密封，更换干燥剂罩，抽真空需要，停役 110kV Ⅰ段母线 3 天。

大致流程：处理封堵胶，搭建防尘棚，拆除干燥剂手孔对接面螺栓，更换干燥剂罩，处理密封面，更换吸附剂，装复气室，抽真空、补气，常规试验。

四、案例点评

此缺陷处理涉及室内 GIS 设备干燥剂罩的材质判断，安装位置定位、更换，有毒干燥剂的处理，关联到紧急情况下最小检修范围的确定，防尘棚的搭建，有较强的参考和学习意义，是 GIS 消缺的典型案例。

任务 12　掌握 GIS 套管更换

【任务目标】

了解 GIS 设备套管更换流程，掌握消缺相关安全注意事项及技术措施。

【任务描述】

GIS 套管是连接气室与外部导线的重要部件，一般由瓷制成。套管的内腔与 SF_6 气室连通，外部与空气接触，故内外承受很大的压差。若瓷套管制作过程中存在缺陷未被发现而投运，运行过程中由于环境的改变，可能造成缺陷发展，最终导致漏气，甚至套管爆炸的严重后果。本任务主要介绍 GIS 套管的更换处理。

【操作指南】

一、案例描述

2022 年 8 月，运维人员在 220kV 启航变电站巡视发现 3 号主变压器 220kV 进线套管气室压力低于额定值，报一般缺陷进行管控。同型号套管在其他地市公司已出现过两次爆炸事故，造成电网非计划停运，事故影响巨大。经第三方检测发现瓷套管存在沙眼缺陷，是套管制造过程中就出现的。省公司对同批次套管通报了家族性隐患，要求各地市公司进行反措更换。市公司管理人员经分析研判后决定立即申报停电计划对隐患套管进行更换。停电范围为 3 号主变压器及 3 号主变压器 220kV 断路器间隔检修。

二、原因分析

该瓷套管生产过程中工艺不到位，导致存在沙眼缺陷。厂家对其进行了临时处理，未细致分析原因，未引起重视，仍将同批次套管出售给各 GIS 厂家。瓷套管在户外环境中长时间运行后，沙眼缺陷逐步发展，形成细小裂纹，最终导致内部场强不均匀，导体对绝缘下降处放电。

三、整改成效及措施

2022 年 9 月，检修人员对启航变电站 3 号主变压器 220kV 进线套管进行了更换。考虑到相邻 2 号主变压器 220kV 跨线带电运行，需特别制定起重吊装方案。

在安装新套管时，要注意以下几点：

（1）密封面需清理干净，更换密封圈；

（2）螺栓应对角紧固，使用力矩扳手进行校核；

（3）气体全回收气室需清理干净，更换吸附剂，并按厂家要求抽真空，注气后静置 24h，然后检漏、测微水；

（4）套管更换后进行耐压试验，从套管进行加压至横式隔接组合隔离开关断口，进行 368kV（460kV×80%）1min 绝缘试验。

四、案例点评

GIS 瓷套管主要起连接作用，故障一般较少。本案例介绍了一起因套管制造过程遗留缺陷导致的漏气故障，应引起重视。同理，GIS 设备内部的各种绝缘件，出厂时也必须百分百合格。

任务 13　掌握绝缘盆漏气消缺

【任务目标】

了解 GIS 设备绝缘盆漏气消缺流程，掌握消缺相关安全注意事项及技术措施。

【任务描述】

SF_6 气体泄漏是 GIS 变电站最常见的缺陷之一，会导致气室压力降低至报警值、闭锁值，水分渗入使绝缘、灭弧性能下降，腐蚀绝缘件、金属部件，SF_6 温室气体污染环境等问题。漏气原因一般为焊缝、法兰胶装面、密封面、充气接口、筒体砂眼等。本任务主要介绍绝缘盆密封面漏气的消缺处理。

【操作指南】

一、案例描述

2019 年 8 月，运维人员在 220kV 启航变电站巡视发现 220kV 母联断路器正母隔离开关气室压力低于额定值，报一般缺陷进行管控。随后检修人员进行补气检漏工作，发现漏气点位于正母隔离开关气室电流互感器与波纹管之间密封面，判断为密封圈失效导致漏气。由于漏气速度较快，临时涂抹封堵胶进行堵漏处理，后续申请停电计划进行消缺。220kV 母联断路器间隔如图 13-1 所示。

图 13-1　220kV 母联断路器间隔

二、原因分析

户外 GIS 设备常年暴露在恶劣环境中，风吹雨淋，夏季近 40℃高温，冬季在 0℃以下，此处密封面有雨水渗入，腐蚀密封圈导致其逐渐失效，最终形成一条细小气路。

三、整改成效及措施

2020 年 10 月，启航变电站 220kV 母联断路器进行漏气消缺。由于处理密封面需拆解内部导体，后续需进行耐压试验，且因为母联断路器间隔位置特殊，故需 220kV 设备全停三天消缺。

大致流程：处理封堵胶，搭建防尘棚，拆除电流互感器二次接线，回收气体，拆除对接面螺栓，平移断路器，更换密封圈，处理密封面，更换吸附剂，装复气室、断路器、二次线，抽真空、补气，常规试验，耐压试验。

四、案例点评

此漏气消缺需要使用吊机吊住筒体，使用千斤顶和手拉葫芦平移断路器，涉及多个密封面解体，多个气室回收气体，涉及两条 220kV 正、副母线同停，耐压试验，是比较特殊的案例。

【知识小结】

本能力模块列举了五种 GIS 重大缺陷：气室放电闪络、断路器弹簧机构拒动、气室内吸附剂罩隐患处理、GIS 缺陷套管更换、GIS 绝缘盆漏气消缺。这些缺陷不同于一般的元器件更换、控制回路断线等，均需要停电处理，时间较长，工作量大，能反映出工作人员的技能水平。

【思考与练习】

问题一　任务 11 中吸附剂罩更换，参照的是哪条反措？

附录 A 踏勘单

现场勘察记录

勘察单位：＿＿＿＿＿＿＿＿

部门（班组）：＿＿＿＿＿＿

编号：变电检修一班 –2023–3–5

勘察变电站：××变电站

勘察时间：××××年××月××日

勘察负责人：×××

勘察人员：梁××（检修）、赖××（检修）等

风险分析：（一张票一个风险等级）

第一阶段：

工作时间	作业面	作业内容	作业范围	电压等级	分级
第一阶段 （××月 ××一 ××日）	2号主变压器及110kVⅡ段母线及各间隔大修及C检作业面（一次分票1）	…	…	110kV	Ⅲ
	2号主变压器消防大修及一键顺控作业面（运检站分票2）	…	…	110kV	Ⅲ
	110kVⅡ段母线C检及耐压试验工作作业面（试验分票3）	…	…	110kV	Ⅲ
	110kVⅡ段母线间隔C检及配合一键顺控工作作业面（二次分票4）	…	…	110kV	Ⅲ
	110kVⅡ段母线筒体起重作业面（起重分票5）	…	…	110kV	Ⅲ

（一）勘察设备（双重命名）：

一次设备：……

二次设备：……

（二）检修任务［工作地点（地段）、工作内容］：

工作地点：……

工作内容：……

（三）停电范围及保留的带电设备：

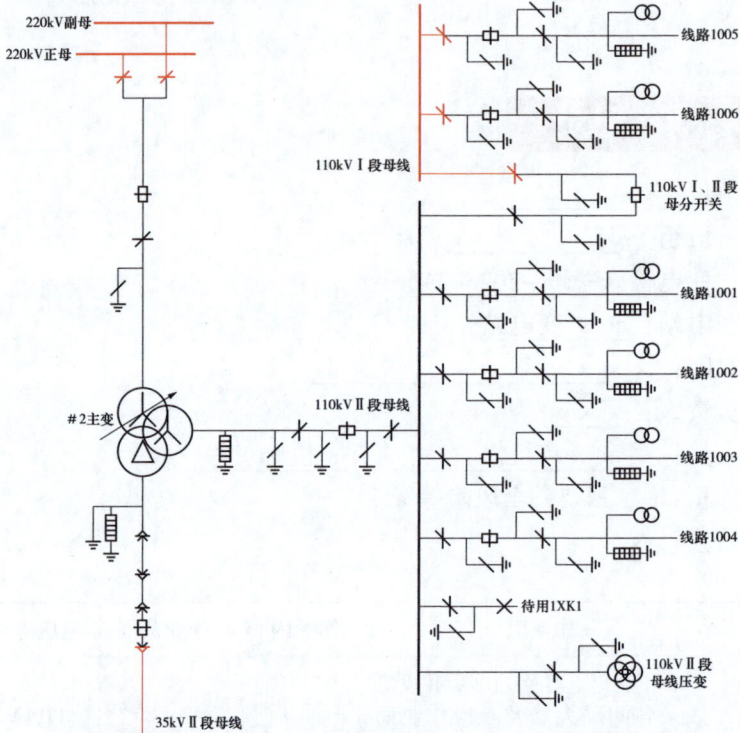

启航变电站 110kV Ⅱ段母线综合检修停役图（第一阶段）

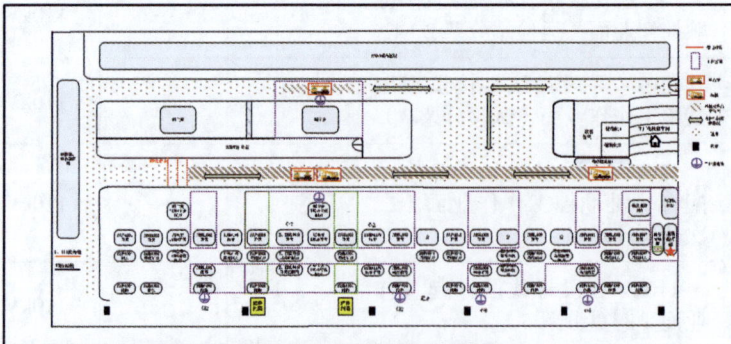

启航变 110kV Ⅱ段母线综合检修停役图（第一阶段）

停电范围：……

来电侧隔离开关：……

相邻运行间隔：……

110kV GIS 场地：……

相邻运行的母线、引线：……

近电部位：……

（四）作业现场危险点及预控措施：

4.1　常规作业现场危险点：……

4.2　特殊作业现场危险点：……

4.3　常规作业现场危险点应采取的安全措施：……

4.4　特殊作业现场危险点应采取的安全措施：……

（五）起重作业及其他特种车辆作业专项内容

5.1　起重作业：

5.1.1　起重工作任务：……

5.1.2　起重车辆情况：……

5.1.3　吊带、卸扣选型：……

5.1.4　起重核算：……

5.2　登高工作：

5.2.1　登高工作任务：……

5.2.2　登高车辆情况：……

5.2.3　需登高作业出线间隔与相邻带电部位的距离核算：……

5.3　车辆行驶过程中距带电部位预估距离

……

5.4　风险辨识及预控措施

1.……

（六）检修设备台账（仅列 A/B 修设备台账即可）

序号	设备名称	生产厂家	型号	
1				
2				
3				

（七）设备运行状况：

7.1　技改项目清单

无

7.2　大修项目清单

序号	大修内容及工期				项目负责人	所需物资	备注
	设备名称	大修原因	大修内容	工期（h）			
1							
2							

7.3 一站一库清单

序号	设备名称	缺陷、反措内容	类别	措施	项目负责人
1					
2					
3					
4					
5					

7.4 附图说明：
…

记录人：高×× 勘察日期：___年___月___日___时___分至___时___分

附表 1 部分工器具及仪器清单

序号	名称	数量	所属单位	用途
1				
2				
3				
4				

附表 2 车辆要求

序号	名称	数量	序号	名称	数量
1			3		
2			4		

踏勘人员签名：

附录 B 综合检修工作总结

220kV ×× 变 110kV 综合检修工作总结

一、总体情况介绍

本次综合检修日期为 ×××× 年 ×× 月 ×× 日至 ×× 月 ×× 日，共 ×× 天，1、2 号主变压器及相关母线轮停开展，涉及 110kV 间隔 ×× 个、主变压器间隔 ×× 个，110kV 母线 ×× 条。

主要完成 110kV 开关更换 1 台，……，同步开展……，工作顺利完成，正常复役。

二、检修项目完成情况

（一）本次检修计划完成常规项目 ×× 项，实际完成 ×× 项，完成率 ××%。项目及完成情况见附表 1。

（二）本次检修计划完成技改项目 ×× 项，实际完成 ×× 项。项目及完成情况见附表 2。

（三）本次检修计划完成大修项目 ×× 项，实际完成 ×× 项，完成率 ××%。项目及完成情况见附表 3。

（四）本次检修计划完成一站一库项目清单 ×× 项，实际完成 ×× 项，计划完成率 ××%。项目及完成情况见附表 4。

三、目前设备遗留问题及措施

（一）……

四、检修过程中发现的典型问题、缺陷或者隐患

（一）检修过程中发现……

五、检修总结

（一）各级站班会、班后会规范开展，作业面管控到位
……

（二）交叉作业管控到位，组织协调合理有序
……

（三）工序细分表格化管理，重点工艺痕迹化控制
……

六、附表

附表 1　　　　　　　　　　常规项目完成情况

序号	常规检修项目	完成情况	备注
1			
2			
3			
4			
5			
6			
7			
8			

附表 2　　　　　　　　　　技改项目完成情况

序号	技改项目	完成情况	备注

附表 3   大修项目完成情况

序号	大修项目	完成情况	备注
1			
2			
3			
4			
5			
6			
7			
8			

附表 4   一站一库清单

序号	设备名称	缺陷、反措内容	完成情况	备注
1				
2				
3				
4				
5				
6				
7				
8				

附表 5   遗留问题及措施

序号	遗留问题	控制措施	备注
1			
2			
3			

附录 C 任务 6、任务 8 检验项目

作业 6-1 变压器绕组变形试验

1. 试验前准备
（1）了解被试设备现场情况及试验条件。 查阅相关技术资料，包括该设备出厂试验数据、历年试验数据及相关规程等，掌握该设备运行及缺陷情况。 （2）测试仪器、设备的准备。 选择绕组变形测试仪及配套试验接线、笔记本电脑（安装有绕组变形测试仪配套软件、曲线相关系数计算软件并拷贝有被试变压器绕组变形历史数据存档）、温（湿）度计、接地线、电源线（带剩余电流动作保护器）、安全带、安全帽、电工常用工具、试验临时安全遮栏、标示牌等，并查阅测试仪器、设备及绝缘工器具的检定证书有效期、相关技术资料、相关规程等。 （3）办理工作票并做好试验现场安全和技术措施。 工作负责人向试验人员交代工作内容、带电部位、现场安全措施、现场作业危险点，明确人员分工及试验程序。
2. 试验步骤
（1）断开变压器有载分接开关、风冷电源，退出变压器本体保护等，将变压器各绕组接地充分放电，拆除或断开对外的一切连线。 （2）在笔记本电脑中建立本次测试数据存档路径并录入各种测量信息。 建立测量数据的存放路径应能够清晰反映被试变压器的安装位置、运行编号、测试日期等信息，以便于查找，防止数据丢失。建立测试数据库，录入试验性质、变压器档位、铭牌信息、环境温（湿）度、试验日期、试验人员等基本信息。 （3）对变压器的不同绕组，按表 1 进行测量，按测试仪器要求搭接试验接线，对变压器每一相绕组进行测量。

表 1   变压器不同绕组测量

变压器线圈接线方式	频响分析仪		变压器其他绕组
	输入端	输出端	
Y 或 D	U V W	V W U	开路
Yn	U V W	N N N	开路

（4）测试完毕后将所测得的数据全部进行保存，以便对该变压器进行分析。

3. 试验注意事项

（1）应保证测量阻抗的接线钳与套管线夹紧密接触。如果套管线夹上有导电膏或锈迹，必须使用纱布或干燥的棉布擦拭干净。各相的搭接位置应相同。

（2）测试时应确认周边无大型用电设备干扰试验电源。

（3）变压器铁芯必须与外壳可靠接地。测试仪外壳、测量阻抗外壳必须与变压器外壳可靠接地。

（4）测试时要注意信号源位置的影响，U 端输入，N 端输出和 N 端输入，U 端输出的曲线是不同的。

（5）对于有平衡绕组的变压器在测量时，应将平衡绕组接地断开。

（6）测试时必须正确记录分接开关的位置。应尽可能将被试变压器的分接开关放置在第 1 分接，特别对有载调压变压器，以获取较全面的绕组信息。对无载调压变压器，应保证每次测量在同一分接位置，便于比较。

（7）绕组变形测试应在解开变压器所有引线的前提下进行，并使这些引线尽可能地远离变压器套管（周围接地体和金属悬浮物需离开变压器套管 20cm 以上），尤其是与封闭母线连接的变压器。

（8）测试仪的接地没有连接正确前，切勿开始绕组变形测试。

（9）绕组变形测试应放在直流类试验之前或交流类试验之后。

（10）试验中如变压器三相频响特性不一致，应检查设备后测试，直至同一相 2 次试验结果一致。

作业 6-2 变压器有载切换波形

1. 试验前准备
（1）了解被试设备现场情况及试验条件。 查阅相关技术资料，包括该设备出厂试验数据、历年试验数据及相关规程等，掌握该设备运行及缺陷情况。 （2）试验仪器、设备的准备。 选择合适的测量变压器有载分解开关的测试仪、温度计、专用测试线、接地线、万用表、电源盘、电工常用工具、试验临时安全遮拦、标示牌等，并查阅测试仪器、设备及绝缘工器具的检定证书有效期、相关技术资料、相关规程等。 （3）办理工作票并做好成员交代工作内容、带电部位、现场安全措施、现场作业危险点、明确人员分工及试验程序。
2. 试验步骤
先打开测试仪电源开关，严格按测试仪《使用说明书》进行操作，待测试仪进入测量（带触发）状态下，操作有载分接开关机构箱进行档位变化，并记录下过渡波形。通过 2 次操作分别测量出有载分解开关的单 – 双、双 – 单的过渡波形及过渡时间。
3. 试验注意事项
（1）感应电压的影响，运行中的变电站由于母线及其他设备带电，如果不将变压器高压侧引线解开，它会使测量的过渡电阻波形失真，影响测量结果。 （2）静电及残余电荷的影响。变压器在注油时由于绝缘油在变压器内部流动，会在绕组上产生静电感应，它会使测量的过渡波形失真，影响测量结果，因此变压器在注油过程中，不宜进行过渡时间、过渡波形的测量。而变压器在停电后或其他试验结束后，都会在绕组中有电荷存在，无论怎样放电，其电荷都不能完全放干净，而此时测量过渡波形，由于剩余电荷的影响，它会使测量的过渡波形失真，影响测量结果。因此，变压器非测量侧应短路接地，且接地良好。 （3）触头表面油膜及杂质对接触电阻的影响。未经使用的变压器分接开关，在触头表面有一层油膜，或变压器长期处于某一档位下运行，在触头表面有一层油膜及杂质，在运行时由于电压、电流的作用会击穿，因而在测量前，应将分接开关进行切换，不低于一个循环，以保证每对触头的接触电阻不小于 $500\mu\Omega$ 及在变压器直流电阻测量中，不发生单数挡位侧或双数挡位侧直流电阻增大。 （4）过渡电阻测量应包含整个回路，这样可以检查电阻与连线及触头之间有无螺栓松动、脱落等现象。 （5）在测量有载分接开关动作顺序时，必须将电操机构的控制电源退出。在记录圈数时不考虑电机"空转"的圈数。

作业 6-3　变压器直流电阻

1. 试验前准备
（1）了解被试设备现场情况及试验条件。 　　查阅相关技术资料，包括该设备出厂试验数据、历年试验数据及相关规程等，掌握该设备运行及缺陷情况。 （2）测试仪器、设备的准备。 　　选择合适的直流电阻测试仪、测试线（夹）、温（湿）度计、接地线、放电棒、万用表、电源盘（带漏电保护）、安全带、安全帽、电工常用工具、试验临时安全遮拦、标示牌等，并查阅测试仪器、设备及绝缘工器具的检定证书有效期。 （3）办理工作票并做好试验现场安全和技术措施。 　　工作负责人向试验人员交代工作内容、带电部位、现场安全措施、现场作业危险点，明确人员分工及试验程序。
2. 试验步骤
（1）拆除变压器高压套管引线。 （2）将导电杆表面擦干净，按照试验接线进行连接，检查无误后，开始试验。 （3）打开直流电阻测试仪，选择合适的测试电流和测试方法（选相和同测）进行测量，读取稳定后的直流电阻（三相同测时需同时记录三相不平衡率）。 　　测试方式选择。 　　仪器测试共有 YN 绕组三相同时测试、YN 绕组三相逐项测试、铁芯五柱低压角接变压器的低压绕组助磁法测试、铁芯三柱低压角接变压器低压绕组选相对测试及普通四端法可供选择。 　　按方式键选择不同的测试方式、测试电流，液晶屏右上角循环显示如附图 1 所示。

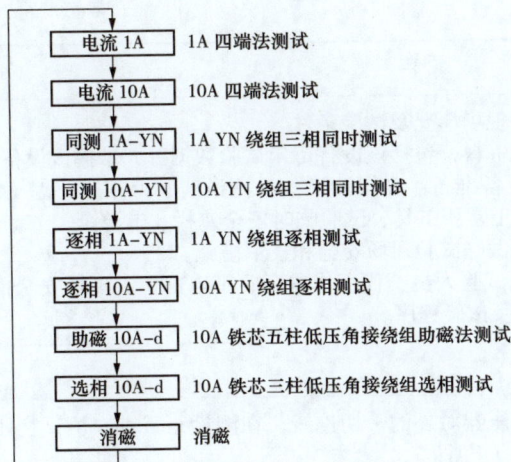

电流 1A ── 1A 四端法测试

电流 10A ── 10A 四端法测试

同测 1A-YN ── 1A YN 绕组三相同时测试

同测 10A-YN ── 10A YN 绕组三相同时测试

逐相 1A-YN ── 1A YN 绕组逐相测试

逐相 10A-YN ── 10A YN 绕组逐相测试

助磁 10A-d ── 10A 铁芯五柱低压角接绕组助磁法测试

选相 10A-d ── 10A 铁芯三柱低压角接绕组选相测试

消磁 ── 消磁

附图 1　不同测试方式的选择

（4）切换分接开关，依次测量变压器各档位绕组连同套管直流电阻，变更试验接线，分别测量高、中、低压侧绕组连同套管直流电阻。

（5）测试完毕后进行放电，恢复变压器套管引线，整理试验现场环境。

1）测试放电。

仪器测试完毕进行复位按钮进行放电，当"滴滴滴"声结束，表示放电完毕，关闭仪器电源，拉开电源开关。

2）被试设备放电。

对被试品进行放电需在仪器、电源断开后，用放电棒对被试品高压端进行放电，放电完毕进行短路接地。

3.试验注意事项

（1）三相变压器有中性点引出线时，应测量各相绕组的电阻；无中性点引出线时，可以测量线间电阻。

（2）残余电荷的影响。若变压器在上一次试验后，放电时间不充分，变压器内积聚的电荷没有放净，仍积滞有一定的残余电荷，特别对大型变压器的充电时间会有直接影响。

（3）温度对直流电阻影响很大，应准确记录被试绕组的温度。测量必须在绕组温度稳定的情况下进行。要求绕组与环境温度相差不超过3℃，在温度稳定的情况下，一般可用变压器的上层油温作为绕组温度，测量时应做好记录。

（4）在对有载调压变压器进行测量时，在测量前应将有载分接开关从 $1 \rightarrow n$，$n \rightarrow 1$ 来回转动数次，以消除分接开关触头氧化或不清洁等因素的影响。

（5）变压器在注油时不宜测量绕组直流电阻。

作业 6-4 变压器绕组连同套管的介质损耗 $\tan\delta$ 及电容量试验

1.试验前准备

（1）了解被试设备现场情况及试验条件。

（2）查阅相关技术资料，包括该设备历年试验数据等，掌握该设备运行及缺陷情况。

（3）测试仪器、设备准备：介损测试仪、测试线、万用表、温（湿）度计、接地线、安全帽、安全带、电工常用工具、试验临时安全遮栏、电源盘。

（4）办理工作票并做好试验现场安全和技术措施。

（5）工作负责人向试验人员交代工作内容、带电部位、现场安全措施、现场作业危险点等，明确人员分工及试验程序。

2.试验步骤

（1）拆除或断开变压器对外的一切连线。在测量 $\tan\delta$ 前，测试变压器各侧绕组及绕组对地间的绝缘电阻，应正常。

（2）接取试验电源，用万用表测量试验电源电压，应为220V。

（3）将接地线的一端接在地网上，另一端可靠地接与仪器面板的接地螺栓上，且地网的接地点应具有良好的导电性，否则会影响测量的正确性，甚至危及人身安全。

（4）按附图 1 进行接线，被试变压器的测试端三相用裸铜线短接，非被试端三相短路与变压器外壳连接后接地。确认接线无误后，开始试验，将电压升至试验电压，严格按照测试仪器步骤进行。

（5）测试结束，恢复设备接线，并确保现场无遗留物。

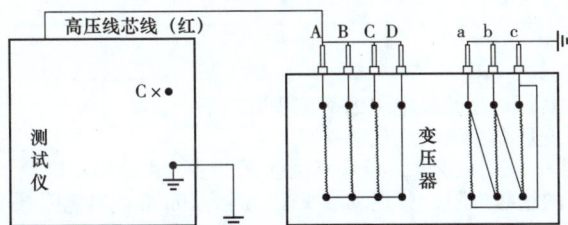

附图 1　主变压器高压侧反接法介质损耗接线图

3.试验注意事项

（1）测试应在天气良好、试品及环境温度 +5℃以上、湿度 80% 以下的条件下进行。必要时可对被试变压器外瓷套表面进行清洁或干燥处理。

（2）测量温度以变压器上层油温为准，尽量是每次测量的温度相近，且应在变压器上层油温低于 50℃时测量，不同温度下的 tanδ 值应换算到同一温度下进行比较。

（3）当测量回路引线较长时，有可能产生较大的误差，因此必须尽量缩短引线。

（4）试验时被试变压器的每个绕组各相应短接。当绕组中有中性点引出线时，也应与三相一起短接，否则可能使测量误差增大。

（5）现场测量存在电场和磁场干扰时，应采取相应措施进行消除。

（6）试验电压的选择。变压器绕组额定电压为 10kV 及以上者，施加电压应为 10kV；绕组额定电压为 10kV 以下者，施加电压为绕组额定电压。

作业 6-5　变压器本体绝缘电阻和吸收比试验

1.试验前准备

（1）了解被试设备现场情况及试验条件。

查阅相关技术资料，包括该设备出厂试验数据、历年试验数据及相关规程等，掌握该设备运行及缺陷情况。

（2）测试仪器、设备准备。

选择绝缘电阻测试仪、温（湿）度计、测试线、接地线、安全带、安全帽、电工常用工具、围栏、警灯等，并查阅测试仪器、设备及绝缘工器具的校验证书有效期、相关技术资料、相关规程等。

（3）办理工作票并做好试验现场安全和技术措施。

工作负责人向试验人员交代工作内容、带电部位、现场安全措施、现场作业危险点等，明确人员分工及试验程序。

2. 试验步骤

变压器绕组连同套管对地绝缘电阻的测试步骤如下：

（1）拆除或断开变压器套管的一切连接线。

（2）变压器按附表1进行接线，经检查确认无误后，用绝缘电阻测试仪的相应档位测试变压器绕组绝缘的绝缘电阻，分别读取15s、60s、10min绝缘电阻数值，并做好记录。

（3）对变压器测试部位放电接地，并按附表1所列测试项目依次进行测试。

（4）吸收比、极化指数测试。用在15s、60s、10min读取的绝缘电阻值R_{15s}、R_{60s}、R_{10min}进行计算

$$吸收比 = R_{60s}/R_{15s}$$
$$极化指数 = R_{10min}/R_{60s}$$

附表1　　　　　　　　　　电力变压器绝缘电阻测试项目

序号	双绕组变压器		三绕组变压器	
	被测部位	接地部位	被测部位	接地部位
1	低压	高压、铁芯、外壳	低压	高压、中压、铁芯、外壳
2	…	…	中压	高压、低压、铁芯、外壳
3	高压	低压、铁芯、外壳	高压	中压、中压、铁芯、外壳

3. 试验注意事项

（1）每次试验应选用相同电压、相同型号的绝缘电阻测试仪。

（2）非被测部位短路接地要良好，不要接到变压器有油漆覆盖的地方，以免影响测试结果。

（3）测量应在天气良好的情况下进行，且空气相对湿度不高于80%。若遇天气潮湿、套管表面脏污，则需要进行"屏蔽"测量。

（4）由于残余电荷会直接影响绝缘电阻及吸收比的数值，故变压器接地放电时间至少为2min。

（5）变压器测试的外部条件（指一次引线）应与前次条件相同，最好能将变压器一次引线解脱进行测试。

（6）禁止在有雷电或邻近高压设备时使用绝缘电阻测试仪，以免发生危险。

作业 6-6 变压器套管电容量和介质损耗角正切值

1. 试验前准备

（1）了解被试设备现场情况及试验条件。

查阅相关技术资料，包括该设备出厂试验数据、历年试验数据及相关规程等，掌握该设备运行及缺陷情况。

（2）测试仪器、设备的准备。

选择合适的被试变压器介损测试仪（AI-6000D、AI-6000E）、测试线（夹）、温（湿）度计、接地线、放电棒、万用表、电源盘（带漏电保护）、安全带、安全帽、电工常用工具、试验临时安全遮拦、标示牌等，并查阅测试仪器、设备及绝缘工器具的检定证书有效期。

（3）办理工作票并做好试验现场安全和技术措施。

工作负责人向试验人员交代工作内容、带电部位、现场安全措施、现场作业危险点，明确人员分工及试验程序。

2. 试验步骤

（1）拆除或断开变压器对外的一切连线。在测量 $\tan\delta$ 前，测试变压器套管各侧主绝缘、末屏的绝缘电阻大于 1000 MΩ，应正常。

（2）接取试验电源，用万用表测量试验电源电压，应为 220V。

（3）将接地线的一端接在地网上，另一端可靠地接与仪器面板的接地螺栓上，且地网的接地点应具有良好的导电性，否则会影响测量的正确性，甚至危及人身安全。

（4）按照附图 1 进行接线，被试变压器的测试端三相用裸铜线短接，非被试端三相短路与变压器外壳连接后接地，测试相末屏与仪器 CX 相连，确认接线无误后，打开介损测试仪，选择合适的测试方法和电压（选正接法，10kV）进行测量，等待电压回落后，读取电容量和 $\tan\delta$。

（5）测试完毕后进行放电，恢复变压器套管末屏和引线，整理试验现场环境。

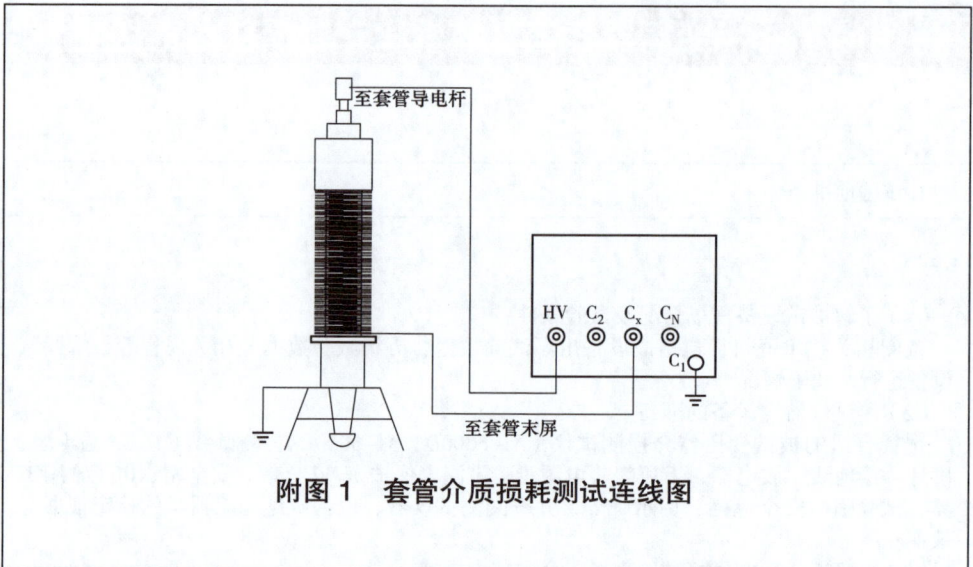

附图 1　套管介质损耗测试连线图

3.试验注意事项

（1）测试应在天气良好、试品及环境温度 +5℃以上、湿度 80% 以下的条件下进行。

（2）必要时可对被试变压器套管外瓷套表面进行清洁或干燥处理。

（3）测量温度以变压器上层油温为准，尽量是每次测量的温度相近，且应在变压器上层油温低于 50℃时测量，不同温度下的 $\tan\delta$ 值应换算到同一温度下进行比较。

（4）当测量回路引线较长时，有可能产生较大的误差，因此必须尽量缩短引线。

（5）试验时被试变压器的每个绕组各相应短接。当绕组中有中性点引出线时，也应与三相一起短接，否则可能使测量误差增大。

（6）现场测量存在电场和磁场干扰时，应采取相应措施进行消除。

（7）试验电压的选择。变压器套管额定电压为 10kV 及以上者，施加电压应为 10kV；套管额定电压为 10kV 以下者，施加电压为绕组额定电压。

📋 作业 6-7　断路器机械特性

1.试验前准备

（1）了解被试设备现场情况及试验条件。

查阅相关技术资料，包括该设备出厂试验数据、历年试验数据及相关规程等，掌握该设备运行及缺陷情况。

（2）测试仪器、设备的准备。

选择合适的断路器机械特性测试仪、测试线、温（湿）度计、接地线、放电棒、万用表、电源盘（带剩余电流动作保护器）、安全带、安全帽、电工常用工具、试验临时安全遮拦、标示牌等，并查阅测试仪器、设备及绝缘工器具的检定证书有效期。

（3）办理工作票并做好试验现场安全和技术措施。

工作负责人向试验人员交代工作内容、带电部位、现场安全措施、现场作业危险点，明确人员分工及试验程序。

2.试验步骤

（1）将测速传感器固定可靠，并将传感器运动部分牢固连接至断路器机构的速度测量运动部件上，将可调直流电源调至断路器额定操作电压，通过控制断路器机械特性测试仪，在额定操作电压及额定机构压力下对 SF_6 断路器进行分、合操作，测得各相合、分闸动作时间和断路器动作速度。

（2）三相合闸时间中的最大值与最小值之差即为合闸不同期；三相分闸时间中的最大值与最小值之差即为分闸不同期。

（3）如果 SF_6 断路器每相存在多个断口，则应同时测量各个断口的合、分时间，并得出同相各断口合、分闸的不同期。

（4）如果断路器带有合闸电阻，则应同时测量合闸电阻的预先投入时间。

3.试验注意事项

（1）机械特性测试仪的输出电源严禁短路。

（2）机械特性测试仪尽可能使用外接电源作为测试电源，防止因为内部电源的电力不足而影响测试结果。采用外接直流电源时，应防止串入站内运行直流系统。

（3）试验时也可采用站内直流电源作为操作电源；对于电磁操动机构，应将合闸合控制线接至合闸接触器线圈回路。

（4）如果断路器存在第二分闸回路，则应测量第二分闸的低电压动作特性、分闸动作时间和动作速度。

（5）进行断路器低电压特性测试时，加在分、合闸线圈上的操作电压时间不宜过长，防止烧损线圈。

作业 6-8　断路器线圈绝缘电阻

1.试验前准备

（1）了解被试设备现场情况及试验条件。

查阅相关技术资料，包括该设备出厂试验数据、历年试验数据及相关规程等，掌握该设备运行及缺陷情况。

（2）测试仪器、设备的准备。

选择合适的绝缘电阻表、测试线、温（湿）度计、接地线、放电棒、万用表、电源盘（带剩余电流动作保护器）、安全带、安全帽、电工常用工具、试验临时安全遮拦、标示牌等，并查阅测试仪器、设备及绝缘工器具的检定证书有效期。

（3）办理工作票并做好试验现场安全和技术措施。

工作负责人向试验人员交代工作内容、带电部位、现场安全措施、现场作业危险点，明确人员分工及试验程序。

2. 试验步骤

（1）断开被试品的电源，将被试品接地放电。放电时应用绝缘棒等工具进行，不得用手碰触放电导线。拆除或断开被试品对外的一切连线。

（2）用干燥清洁柔软的布擦去被试品外绝缘表面的脏污，必要时用无水乙醇等不含水分物质洗净。

（3）检查绝缘电阻表是否正常。若绝缘电阻表正常，将绝缘电阻表的接地端与地线连接，绝缘电阻表的高压端接上测试线，测试线的另一端悬空（不接试品），再次启动绝缘电阻表，绝缘电阻表的指示应无明显差异。

（4）启动绝缘电阻表，将测试线搭上测试部位待指针稳定（或60s）后，读取绝缘电阻值，并做好记录。

（5）断开接至被试品高压端的连接线，然后关闭绝缘电阻表。

（6）断开绝缘电阻表后，对被试品短接放电并接地。

3. 试验注意事项

（1）试验应选用相同电压、相同型号的绝缘电阻表。

（2）测量时宜使用高压屏蔽线且内屏蔽层（或单屏蔽的屏蔽层）应接G端子，双屏蔽线外屏蔽应当接地。若无高压屏蔽线，测试线不要与地线缠绕，应尽量悬空。

（3）测量一般应在试品温度为10~40℃天气良好的情况下进行，且空气相对湿度不高于80%。若相对湿度大于80%时，应在引出线瓷套上装设屏蔽环（用细铜线或细熔丝紧扎1~2圈）并连接到绝缘电阻表屏蔽端子。屏蔽环应接在靠近绝缘电阻表高压端所接的瓷套端子，远离接地部分，以免造成绝缘电阻表过负荷，使端电压急剧降低，影响测量结果。

作业 6-9 电流互感器绝缘电阻

1. 试验前准备

（1）了解被试设备现场情况及试验条件。

查阅相关技术资料，包括该设备出厂试验数据、历年试验数据及相关规程等，掌握该设备运行及缺陷情况。

（2）测试仪器、设备的准备。

选择合适的绝缘电阻表、测试线、温（湿）度计、接地线、放电棒、万用表、电源盘（带剩余电流动作保护器）、安全带、安全帽、电工常用工具、试验临时安全遮拦、标示牌等，并查阅测试仪器、设备及绝缘工器具的检定证书有效期。

（3）办理工作票并做好试验现场安全和技术措施。

工作负责人向试验人员交代工作内容、带电部位、现场安全措施、现场作业危险点，明确人员分工及试验程序。

2. 试验步骤

（1）测量电流互感器一次绕组对二次绕组及地的绝缘电阻。

将电流互感器一次绕组端子短接后接至绝缘电阻表 L 端，绝缘电阻表 E 端接地，电流互感器的二次绕组短路接地。经检查接线无误后，启动绝缘电阻表，将 L 端测试线搭上电流互感器高压测试部位，读取第 60s 绝缘电阻值，并做好记录。完成测量后，应先断开接至被试电流互感器高压端的连接线，再关闭绝缘电阻表，对电流互感器测试部位短接放电并接地。

（2）测量电流互感器二次绕组对一次绕组及地，二次绕组之间的绝缘电阻。

将电流互感器二次绕组分别短路，绝缘电阻表 L 端接测量绕组，E 端接地非测量绕组接地。检查无误后，启动绝缘电阻表，将绝缘电阻表 L 端连接线搭接测量绕组，读取 60s 绝缘电阻值，并做好记录。断开绝缘电阻表 L 端至测量绕组的连接线，再关闭绝缘电阻表，对所测二次绕组进行短接放电并接地。电流互感器二次绕组的每一组要分别进行测量，直至所有绕组测量完毕。

恢复所有连接片及接线。

3. 试验注意事项

（1）每次试验应选用相同电压、相同型号的绝缘电阻表。

（2）测量时宜使用高压屏蔽线且内屏蔽层（或单屏蔽的屏蔽层）应接 G 端子，双屏蔽的屏蔽线外屏蔽应当接地。若无高压屏蔽线，测试线不要与地线缠绕，应尽量悬空。测试线不能用双股绝缘线和绞线，应用单股线分开单独连接，以免因绞线绝缘不良而引起误差。

（3）试验人员之间应分工明确，测量时应配合默契，测量过程中要大声呼唱。

（4）测量时应在天气良好的情况下进行，且空气相对湿度不高于 80%。若遇天气潮湿、互感器表面脏污，则需要进行"屏蔽"测量，屏蔽是在互感器套管中上部表面用软铜线缠绕几圈，引至绝缘电阻表的屏蔽端（G 端），以消除表面泄漏的影响。

（5）禁止在有雷电或邻近高压设备时使用绝缘电阻表，以免发生危险。

作业 6-10　电压互感器绝缘电阻

1. 试验前准备

（1）了解被试设备现场情况及试验条件。

查阅相关技术资料，包括该设备出厂试验数据、历年试验数据及相关规程等，掌握该设备运行及缺陷情况。

（2）测试仪器、设备的准备。

选择合适的绝缘电阻表、测试线、温（湿）度计、接地线、放电棒、万用表、电源盘（带剩余电流动作保护器）、安全带、安全帽、电工常用工具、试验临时安全遮拦、标示牌等，并查阅测试仪器、设备及绝缘工器具的检定证书有效期。

（3）办理工作票并做好试验现场安全和技术措施。

工作负责人向试验人员交代工作内容、带电部位、现场安全措施、现场作业危险点，明确人员分工及试验程序。

2. 试验步骤

（1）测量电压互感器一次绕组对二次绕组及地的绝缘电阻。

将电压互感器一次绕组尾端接至绝缘电阻表 L 端，绝缘电阻表 E 端接地，电压互感器的二次绕组短路接地。经检查接线无误后，启动绝缘电阻表，将 L 端测试线搭上电压互感器高压测试部位，读取第 60s 绝缘电阻值，并做好记录。完成测量后，应先断开接至被试电压互感器高压端的连接线，再关闭绝缘电阻表，对电压互感器测试部位短接放电并接地。

（2）测量电压互感器二次绕组对一次绕组及地，二次绕组之间的绝缘电阻。

将电压互感器二次绕组分别短路，绝缘电阻表 L 端接测量绕组，E 端接地非测量绕组接地。检查无误后，启动绝缘电阻表，将绝缘电阻表 L 端连接线搭接测量绕组，读取 60s 绝缘电阻值，并做好记录。断开绝缘电阻表"L"端至测量绕组的连接线，再关闭绝缘电阻表，对所测二次绕组进行短接放电并接地。电压互感器二次绕组的每一组都要分别进行测量，直至所有绕组测量完毕。

恢复所有连接片及接线。

3. 试验注意事项

（1）每次试验应选用相同电压、相同型号的绝缘电阻表。

（2）测量时宜使用高压屏蔽线且内屏蔽层（或单屏蔽的屏蔽层）应接 G 端子，双屏蔽的屏蔽线外屏蔽应当接地。若无高压屏蔽线，测试线不要与地线缠绕，应尽量悬空。测试线不能用双股绝缘线和绞线，应用单股线分开单独连接，以免因绞线绝缘不良而引起误差。

（3）试验人员之间应分工明确，测量时应配合默契，测量过程中要大声呼唱。

（4）测量时应在天气良好的情况下进行，且空气相对湿度不高于 80%。若遇天气潮湿、互感器表面脏污，则需要进行"屏蔽"测量，屏蔽是在互感器套管中上部表面用软铜线缠绕几圈，引至绝缘电阻表的屏蔽端（G 端），以消除表面泄漏的影响。

（5）禁止在有雷电或邻近高压设备时使用绝缘电阻表，以免发生危险。

（6）测试电压互感器 N 点绝缘的绝缘电阻后，切记恢复设备原有的接地。

（7）将 N 点接地解开时，应解开接地端，不要解开 N 端，以免造成芯线断裂。

作业 6-11　避雷器直流 1mA（U_{1mA}）及 0.75U_{1mA} 下的泄漏电流试验

1.试验前准备
（1）了解被试设备现场情况及试验条件。 　　查阅相关技术资料，包括该设备出厂试验数据、历年试验数据及相关规程等，掌握该设备运行及缺陷情况。 （2）测试仪器、设备的准备。 　　选择合适的直流高压发生器、绝缘杆、测试线、万用表、温（湿）度计，屏蔽线、放电棒、接地线、梯子、安全带、安全帽、电工常用工具、试验临时安全遮拦、标示牌等，对于电压等级较高的避雷器还需高空作业车，并查阅测试仪器、设备及绝缘工器具的检定证书有效期。 （3）办理工作票并做好试验现场安全和技术措施。 　　工作负责人向试验人员交代工作内容、带电部位、现场安全措施、现场作业危险点，明确人员分工及试验程序。
2.试验步骤
（1）将避雷器接地放电时应用绝缘棒等工具进行，不得用手碰触放电导线。拆除或断开被试避雷器对外的一切接线。 （2）用干净清洁柔软的布擦去被试品表面的污垢。 （3）被试品一端接高压线，下法兰可靠接地，检查测试接线正确后，拆除被试品放电时的接地线，准备试验。通知其他人员远离被试品并监护。 （4）确认电压输出在零位，进行高声呼唱，接通电源，然后缓慢地升高电压到规定的试验电压值。升压过程中注意观察测试进度，随时警戒异常情况的发生。当电流达到 1mA 时，读取并记录电压值 U_{1mA} 后，降压至零。 （5）计算 0.75U_{1mA} 的值。 （6）测量 0.75U_{1mA} 下的泄漏电流值。重新接通电源，然后缓慢地升高电压，升压过程中注意观察测试进度，随时警戒异常情况的发生，直流电压升至 0.75U_{1mA}，读取并记录泄漏电流值后，降压至零。 （7）待电压表指示基本为零时，断开试验电源，用带限流电阻的放电棒对避雷器充分放电，挂接地线。分析试验数据。 （8）拆除试验所接的引线，整理现场。
3.试验注意事项
（1）历年测试尽量选用相同电压、相同型号的测试仪器。 （2）直流 U_{1mA} 测试前，应先测试绝缘电阻，其值应正常。 （3）为了防止外绝缘的闪络和易于发现绝缘受潮等缺陷，避雷器直流 U_{1mA} 测试通常采用负极性直流电压。 （4）因泄漏电流大于 200μA 以后，随电压的升高，电流将急剧增大，故应放慢升压速度，当直流达到 1mA 时，准确地读取相应的电压 U_{1mA}。

（5）由于无间隙金属氧化物避雷器表面的泄漏原因，在试验时应尽可能地将避雷器瓷套表面擦拭干净。如果由于受潮或脏污等原因使 U_{1mA} 电压数据异常，应在靠近避雷器加压端的瓷套表面装一个屏蔽环。测量泄漏电流的导线应使用屏蔽线，屏蔽线要封口，测试线与避雷器的夹角应尽量大。

（6）注意被试品周围的其他物件对试验结果的影响，其他物件对被试品保持足够的安全距离。

（7）直流高压的测量应在高压侧进行，测量系统应经过校验，测量误差不应大于 2%。

（8）试验回路的接地应在被试品处选取。

作业 6-12 避雷器底座绝缘电阻

1. 试验前准备

（1）了解被试设备现场情况及试验条件。

查阅相关技术资料，包括该设备出厂试验数据、历年试验数据及相关规程等，掌握该设备运行及缺陷情况。

（2）测试仪器、设备的准备。

选择绝缘电阻测试仪、温（湿）度计、接地线、电源线（带剩余电流动作保护器）、安全带、安全帽、电工常用工具、试验临时安全遮拦、标示牌等，并查阅测试仪器、设备及绝缘工器具的检定证书有效期、相关技术资料、相关规程等。

（3）办理工作票并做好试验现场安全和技术措施。

工作负责人向试验人员交代工作内容、带电部位、现场安全措施、现场作业危险点，明确人员分工及试验程序。

2. 试验步骤

（1）将避雷器接地放电，放电时应用绝缘棒等工具进行，不得用手碰触放电导线。拆除或断开被试避雷器对外的一切连线。

（2）检查绝缘电阻表是否正常，若绝缘电阻表正常，将绝缘电阻表的接地端与避雷器的地线连接，绝缘电阻表的高压端接上测试线，测试线的另一端悬空（不接试品），启动绝缘电阻表，绝缘电阻表的指示应无明显差异。

（3）拆除放电计数器的上端引线，进行测试接线，经检查无误后，将测试线搭上避雷器高压端，读取第 60s 绝缘电阻值，并做好记录。

（4）读取绝缘电阻后，应先断开接至被试品端的连接线，后断开仪器端的连接线。

（5）对避雷器测试部位放电并接地。

3. 试验注意事项

（1）历年测试尽量选用相同电压、相同型号的绝缘电阻表。

（2）测量时宜使用高压屏蔽线且屏蔽层接地。被试品上的屏蔽环应接近加压的相线而远离接地部分，减小屏蔽对地的表面泄漏。屏蔽环可用软铜丝或熔丝紧缠几圈而成。若无高压屏蔽线，测试线不要与地线缠绕，应尽量悬空。测试线不能用双股绝缘线和绞线，应用单股线分开单独连线，以免因绞线绝缘不良而引起误差。

（3）试验人员之间应分工明确，测量时应配合默契，测量过程中要大声读数。

（4）测量时应在天气良好的情况下进行，且空气相对湿度不高于 80%。若遇天气潮湿、被试品表面脏污，则需要进行屏蔽。若测试的绝缘电阻值过低或三相不平衡时，查明原因。

作业 6-13　避雷器放电计数器校验

1. 试验前准备

（1）了解被试设备现场情况及试验条件。

查阅相关技术资料，包括该设备出厂试验数据、历年试验数据及相关规程等，掌握该设备运行及缺陷情况。

（2）测试仪器、设备的准备。

选择合适的放电计数器校验仪、温（湿）度计、接地线、安全带、安全帽、电工常用工具、试验临时安全遮拦、标示牌等，并查阅测试仪器、设备及绝缘工器具的检定证书有效期、相关技术资料、相关规程等。

（3）办理工作票并做好试验现场安全和技术措施。

工作负责人向试验人员交代工作内容、带电部位、现场安全措施、现场作业危险点，明确人员分工及试验程序。

2. 试验步骤

（1）将放电计数器测试仪的接地端接地，测试线接计数器的上端。

（2）打开电源开关，检查无误后，长按测试仪面板上的动作计数器按钮，使冲击电流发生的冲击电流作用于放电计数器，记录动作情况。

（3）测试 3~5 次，每次时间间隔不少于 30s。

（4）测试完毕对被试设备充分放电，记录试验数据。

3. 试验注意事项

（1）记录放电计数器试验前后的放电指示数值。

（2）检查放电计数器不存在破损或内部积水现象。

（3）带有泄漏电流表的计数器，在试验时应检验泄漏电流表的准确性。

作业 6-14　有载开关吊检

1. 检修前准备
（1）记录有载开关动作次数，完成相关修前试验。 （2）检修工具准备。 选择合适的检修工器具、安全工器具、吊车，编制标准作业卡。 （3）办理工作票并做好检修现场安全和技术措施。 工作负责人向检修人员交代工作内容、带电部位、现场安全措施、现场作业危险点，明确人员分工及检修程序。
2. 检修步骤（以 CM 系列为例）
（1）有载开关手动摇至整定挡位。 （2）有载开关筒体放油：拆除有载呼吸器，从有载开关排油管放油至废油桶。 （3）切换开关吊出。 1）拆除电动机构与分接开关的水平传动轴； 2）拆除头盖的固定螺栓，卸除顶盖，注意密封垫圈； 3）卸除切换开关本体的位置指示盘； 4）吊起切换开关本体，注意不要碰坏吸油管和位置指示传动轴。 （4）清洗切换开关油室：排出切换开关油室内的污油，用新油冲洗油室，必要时用刷子洗去附着在绝缘筒内壁的碳粉，再次用新油进行冲洗油室，排出污油。清洗干净的切换开关油室用顶盖盖紧。 （5）切换开关本体检查。 1）检查各紧固件是否松动； 2）快速机构的主弹簧、复位弹簧，爪卡是否变形或断裂； 3）各触头编丝联结有无损坏； 4）检查切换开关动静触头的烧损程度； 5）检查过渡电阻编丝是否有断裂，在过渡触头断开侧测量其阻值是否与铭牌所标相同。 （6）切换开关本体安装：切换开关本体经验证合格后，吊至切换开关油室内，紧固好固定螺栓，安装好位置指示牌，并盖好分接开关头盖，注意正确放置密封垫圈。 （7）更换新绝缘油。 1）换油时，先把切换开关油箱内的污油抽尽，再用干净的油注入冲洗切换开关及绝缘筒等，并再次抽尽冲洗的油； 2）将新油注入切换开关油室直至分接开关头部水平面，盖好分接开关头盖，注意正确放置密封垫圈，紧固头盖上所有螺钉； 3）从有载开关注油管用油泵进行注油，至有载储油柜正常油位位置为止； 4）对有载开关筒体及气体继电器进行放气，直到气体全部排尽为止。 （8）检查分接开关动作正常：检查气体继电器功能，按动跳闸试验按钮，应能发出变压器跳闸指令。检查分接开关与操动机构的档位是否相同，在档位相同后连接分接开关与电动机构的传动轴，并进行联结试验。手动操作一个循环后，进行一个循环的电动操作，无任何异常。

（9）检查操动机构：操动机构内密封良好，安装可靠，无受潮现象。加热器工作良好。各电器元件工作正常可靠。

（10）有载开关相关试验：相关试验数据合格。

（11）有载开关筒体取油样：相关油化试验数据合格。

（12）设备状态检查：清理现场，确认现场无遗留物件，设备、现场安全措施恢复至工作许可时状态。

3. 检修注意事项

（1）检修前断开有载分接开关控制、操作电源。

（2）按厂家规定正确吊装设备，用缆风绳在专用吊点用吊绳绑好，并设专人指挥。

（3）过渡电阻无断裂，直流电阻阻值与产品出厂铭牌数据相比，其偏差值不超过 ±10%。

作业 6-15　油化试验

1. 检修前准备

（1）根据试验周期确定试验项目。

1）66~220kV：每年至少一次，外观、色度、水分、介孙损耗因数、击穿电压；

2）≤ 35kV：三年至少一次，水分、介孙损耗因数、击穿电压；

3）电压 220kV 容量 220MVA 及以上变压器：油中溶解气体 6 个月一次；

4）电压 66kV 及以上容量 8MVA 及以上变压器：油中溶解气体 1 年一次。

（2）准备足够且干燥合格的 100mL 的玻璃注射器及小胶头磨口具塞试剂瓶 500~1000mL。

玻璃注射器芯应无卡涩现象，应装在一个专用盒内，该盒应避光、防震、防潮等。小胶头无破损。先用洗涤剂进行清洗，再用自来水冲洗，蒸馏水洗净，烘干、冷却后，盖紧瓶塞、贴标签待用。

（3）准备干燥洁净乳胶管、小三通及面纱。

（4）准备高度合适的双梯、接油盘。双体应符合安全作业的要求。

（5）准备放置玻璃注射器的油样箱。油样箱应具有对油样避震、避光及保温的功能。

（6）根据本次作业内容和性质确定好取样人员，并认真组织学习本作业指导书，要求所有工作人员都明确本次作业的工作内容、作业标准及安全注意事项。

（7）开工前，根据设备取样接口的不同，准备好施工所需的专用的取样工器具。专用取样工具应完好，能满足取样的要求。

2. 检修步骤

（1）取样的准备工作：准备工作完备，所使用的工器具完好，保证油管路、容器的干燥、洁净。

（2）充油设备现场取样。

1）对于变压器、油开关或其他充油电气设备，应从下部阀门（含密封取样阀）处取样。取样前，阀门应先用干净甲级棉纱或纱布擦净，旋开螺帽，接上取样用耐油管，再放油将管路冲洗干净，将排出废油用废油容器收集，废油不应直接排至现场。然后用取样瓶取样，取样结束，旋紧螺母。

2）对需要取样的套管，在停电检修时，从取样孔取样。

3）没有放油管或取样阀门的充油电气设备，可在停电或检修时设法取样。进口全密封无取样阀的设备，按制造厂规定取样。

（3）变压器油中水分和油中溶解气体分析取样。

1）取样应符合下列要求：

a. 油样应能代表设备本体油，应避免在油循环不够充分的死角处取样。一般应从设备底部的取样阀取样，在特殊情况下可在不同取样部位取样。

b. 取样过程要求全密封，即取样连接方式可靠，既不能让油中溶解水分及气体逸散，也不能混入空气（必须排净取样接头内残存的空气），操作时油中不得产生气泡。

c. 取样应在晴天进行。取样后要求注射器芯子能自由活动，以避免形成负压空腔。

d. 油样应避光保存。

2）取样操作（见附图1）。

a. 取下设备放油阀处的防尘罩，旋开放油螺栓，让油徐徐流出。

b. 将放油接头安装于放油阀上，并使放油胶管（耐油）置于放油接头的上部，排除接头内的空气，待油流出。

c. 将导管、三通、注射器依次接好后，装于放油口处，按箭头方向排除放油阀门的死油，并冲洗连接导管。

d. 旋转三通，利用油本身压力使油注入注射器，以便湿润和冲洗注射器（注射器要冲洗2~3次）。

e. 旋转三通与设备本体隔绝，推注射器芯子使其排空。旋转三通与大气隔绝，借设备油的自然压力使油缓缓进入注射器中。

f. 当注射器中油样达到所需毫升数时，立即旋转三通与本体隔绝，从注射器上拔下三通，在小胶头内的空气泡被油置换之后，盖在注射器的头部，将注射器置于专用油样盒内，填好样品标签。

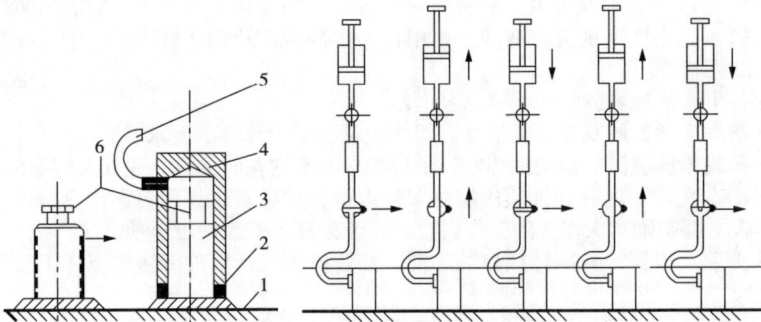

附图1　取样操作过程

1—设备本体；2—胶垫；3—放油阀；4—放油接头；5—放油口；6—放油螺栓

（4）取样量，取样量应符合下列要求：

1）进行油中水分含量测定用的油样，可同时用于油中溶解气体分析，不必单独取样。

2）常规分析根据设备油量情况采取样品，以试验够用为限。

3）做溶解气体分析时，取样量为 50~100mL；专用于测定油中水分含量的油样，可取 10~20mL。

（5）样品标签：标签的内容有单位、设备名称、型号、取样日期、取样部位、取样天气、运行负荷、油牌号及油量备注等。

（6）油样的运输和保存。

1）油样应尽快进行分析：做油中溶解气体分析的油样不得超过 4 天；做油中水分含量的油样不得超过 7 天。

2）油样在运输中应尽量避免剧烈振动，防止容器破碎，尽可能避免空运。

3）油样运输和保存期间必须避光，并保证注射器芯能自由滑动。

（7）运行中充油设备取样周期及试验项目。

1）66~220kV：每年至少一次，外观、色度、水分、介孙损耗因数、击穿电压。

2）≤ 35kV：三年至少一次，水分、介孙损耗因数、击穿电压。

3）电压 220kV 容量 220MVA 及以上变压器：油中溶解气体 6 个月一次。

4）电压 66kV 及以上容量 8MVA 及以上变压器：油中溶解气体 1 年一次。

作业 6-16　全回路电阻试验

1. 检修前准备

（1）检修工具准备。

应配备与工作情况相符的合格的仪器仪表、工具、放电棒和连接导线等，并编制标准作业卡，查询上次检测报告。

（2）办理工作票并做好检修现场安全和技术措施。

工作负责人向检修人员交代工作内容、带电部位、现场安全措施、现场作业危险点，明确人员分工及检修程序。

2. 检修步骤

（1）拆除接地端：

1）拆除开关线路侧接地开关引出点短接排及接地排，使引出点悬空，必要时可安装专用铜排便于测试；

2）若母线带电，开关母线侧接地开关引出点接地严禁拆除。

（2）检查确认待试主回路处于闭合导通状态。

（3）清除被试设备接线端子接触面的油漆及金属氧化层，进行检测接线（见附图 1），检查测试接线是否正确、牢固。

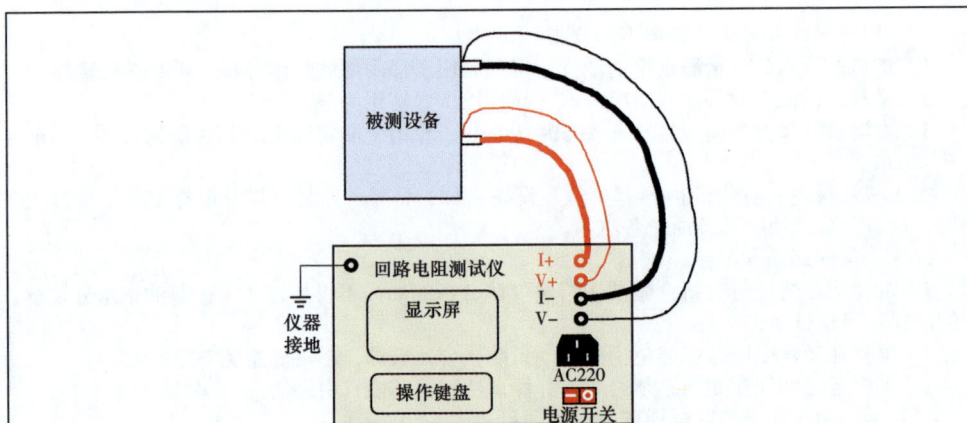

附图 1　回路电阻测量接线图

（4）接通仪器电源，进行测试，电流稳定后读出检测数据，并做好记录。

（5）关闭检测电源，拆除检测测试线，将被试设备恢复到测试前状态。

3. 检修注意事项

（1）测试线应接触良好、连接牢固，防止测试过程中突然断开。

（2）测试时，为防止被测设备突然分闸，应断开被测设备操作回路的电源。

（3）将测试结果与规程要求进行比较，当测试结果出现异常时，应与同类设备、同设备的不同相间进行比较，作出诊断结论。

📑 作业 6-17　SF₆ 微水测试

1. 检修前准备

（1）检修工具准备。

应配备与工作情况相符的合格的仪器仪表、工具等，并编制标准作业卡，查询上次检测报告。

（2）环境要求。

环境温度不宜低于 5℃，相对湿度不大于 80%。

（3）办理工作票并做好检修现场安全和技术措施。

工作负责人向检修人员交代工作内容、带电部位、现场安全措施、现场作业危险点，明确人员分工及检修程序。

2. 检修步骤

（1）准备工作。
1）仪器应开机充分预热；
2）各接头和管路部分应清洁、干燥。
（2）气路连接：连接气路系统（见附图 1），测量管路必须用不锈钢管、铜管或聚四氟乙烯管，壁厚不小于 1mm，内径为 2~4mm。

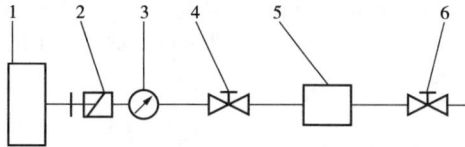

附图 1　微水测试检测连接图

1—待测电气设备；2—气路接口（连接设备与仪器）；3—压力表；4—仪器入口阀门；
5—测试仪器；6—仪器出口阀门（可选）

（3）微水测试：测量时缓慢开启调节阀，仔细调节气体压力和流速。测量过程中保持测量流量稳定，待仪器示数稳定后读取检测结果并记录。检测过程中随时监测被测设备的气体压力，防止气体压力异常下降。
（4）数据分析：进行检测结果初步判断，测量结果应折算到 20℃时的数值。与上次测试结果进行对比，必要时进行复测。
（5）测试结束：检测完毕后，关闭取样阀门，断开仪器管路与取样口连接，检查保证无泄漏。测量完毕后，用干燥氮气（N_2）吹扫仪器 15~20min 后，关闭仪器，封好仪器气路进出口备用。
（6）检漏：检查被测设备 SF_6 气体止回阀恢复状态，用便携式 SF_6 气体检漏仪对 SF_6 气体接口止回阀进行检漏，确认无泄漏后旋上保护盖帽。

3. 检修注意事项

（1）SF_6 设备的取样口与湿度仪进气端的连接管道要尽可能短，检查测试气路系统所有接头的气密性，确保无泄漏。
（2）进气口的过滤器应定期清洗，以保持气路清洁畅通。
（3）检测时，应严格遵守操作规程，检测人员和检测仪器应避开设备取气阀门开口方向，并站在上风侧，防止取气造成设备内气体大量泄漏及发生其他意外。
（4）设备安装在室内应有良好的通风系统，进入设备安装室前应先通风 15~20min，并应保证在 15min 内换气一次，含氧量达到 18% 以上，SF_6 气体浓度小于 1000μL/L，方可进入室内进行检测工作。

作业 6-18 SF_6 密度继电器校验

1. 检修前准备
（1）检修工具准备。 应配备与工作情况相符的合格的仪器仪表、工具等，并编制标准作业卡。 （2）办理工作票并做好检修现场安全和技术措施。 　工作负责人向检修人员交代工作内容、带电部位、现场安全措施、现场作业危险点，明确人员分工及检修程序。
2. 检修步骤
（1）校验准备：关闭 SF_6 密度继电器和电气设备本体之间的截止阀，拆下密度继电器二次插座。 （2）连接设备：将 SF_6 密度继电器校验仪通气管道与密度继电器校验口连接，将 SF_6 密度继电器校验仪信号线与密度继电器二次插座接点引出相连，如附图 1 所示。   **附图 1   校验 SF_6 密度表（继电器）连接示意图** （3）校验实施：按照 SF_6 密度继电器校验仪说明书，对密度继电器进行示值校验、接点校验。根据校验结果判断密度继电器是否合格。 （4）恢复状态：拆除通气管道、信号线，恢复二次插座，打开截止阀。
3. 检修注意事项
（1）拆装 SF_6 密度继电器信号线时，应检查端子与信号线是否对应。校验结束后，应核对信号是否正常。 （2）完成现场 SF_6 密度表（继电器）校验工作，恢复现场设备后，应安排检漏。 （3）变更接线和连接管路时，应关闭 SF_6 密度继电器校验仪充接气阀。

（4）校验时被校表及 SF_6 密度继电器校验仪出现指示异常、打压不上、无接点信号、压力失控等明显异常时，应立即停止校验工作，检查设备及管路、信号线连接。

作业 6-19　防跳功能验证

1. 检修前准备

（1）检修工具准备。
应配备与工作情况相符的合格的仪器仪表、工具等，并编制标准作业卡。
（2）办理工作票并做好检修现场安全和技术措施。
工作负责人向检修人员交代工作内容、带电部位、现场安全措施、现场作业危险点，明确人员分工及检修程序。

2. 检修步骤

（1）状态检查：确认断路器机构已储能，储能电机空气开关合位，控制电源空气开关合位，远方 / 就地旋钮在就地位置。
（2）合闸位置防跳验证：合上断路器，确认断路器处于合闸位置。先持续给合闸命令，再给分闸命令并保持，断路器仅分闸一次，则合闸位置防跳功能正常。
（3）分闸位置防跳验证：确认断路器处于分闸位置。先持续给分闸命令，再给合闸命令并保持，断路器完成合分闸后，弹簧开始储能，至储能结束未再次合闸，则分闸位置防跳功能正常。

3. 检修注意事项

（1）防跳功能验证前，应确认开关分、合闸操作正常。
（2）确认开关机构上无人工作，才能进行防跳功能验证，防止机械伤人。

作业 6-20　三相不一致功能验证

1. 检修前准备

（1）检修工具准备。
应配备与工作情况相符的合格的仪器仪表、工具等，并编制标准作业卡。

（2）办理工作票并做好检修现场安全和技术措施。

工作负责人向检修人员交代工作内容、带电部位、现场安全措施、现场作业危险点，明确人员分工及检修程序。

2.检修步骤

（1）状态检查：确认断路器处于分闸位置，机构已储能，储能电机空气开关合位，控制电源空气开关合位，远方/就地旋钮在就地位置。

（2）时间设定：确保三相不一致时间继电器时间设定符合规定。

（3）第一套三相不一致功能验证：

1）取下第二套三相不一致出口压板，断开第二套控制电源空气开关；

2）单独合上 A 相机构，观察第一套三相不一致继电器动作计时情况，到整定时间后 A 相机构分闸，B、C 相重复进行验证；

3）合闸位置验证。合上三相机构后，单独分开 A 相机构，观察第一套三相不一致继电器动作计时情况，到整定时间后 B、C 相机构分闸，B、C 相重复进行验证。

（4）第二套三相不一致功能验证可参照第一套验证方式。

（5）状态恢复：恢复断路器至三相分闸状态，两套三相不一致出口压板均在合位，两套控制电源空气开关均在合位。

3.检修注意事项

（1）三相不一致功能验证前，应确认断路器分、合闸操作正常。

（2）确认断路器机构上无人工作，才能进行三相不一致功能验证，防止机械伤人。

作业 6-21　弹簧机构关键参数测量

1.检修前准备

（1）检修工具准备。

应配备与工作情况相符的合格的仪器仪表、工具等，并编制标准作业卡，明确此设备关键参数标准值范围。

（2）办理工作票并做好检修现场安全和技术措施。

工作负责人向检修人员交代工作内容、带电部位、现场安全措施、现场作业危险点，明确人员分工及检修程序。

2.检修步骤

（1）测量前准备：确认开关处于分闸已储能状态。

（2）分闸位置测量：插入合闸防动销，使用塞尺测量凸轮间隙、合闸线圈空程、行程，如附图 1 所示。与厂家参数比较，不合格则需调整机构。

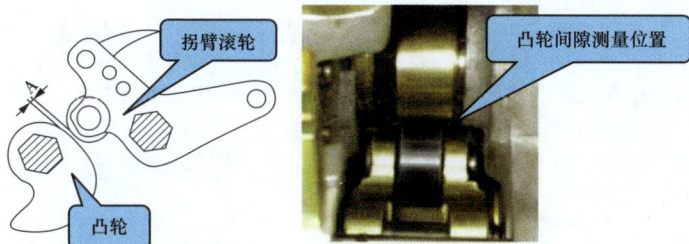

附图 1　弹簧机构凸轮和拐臂间隙示意图

（3）合闸位置测量：取下合闸防动销，合上开关，使开关处于合闸状态；插入分闸防动销，使用塞尺测量分闸线圈空程、行程，如附图 2 所示。与厂家参数比较，不合格则需调整机构。

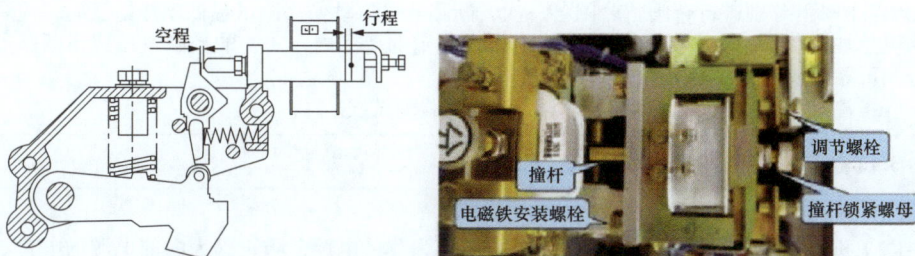

附图 2　弹簧机构分合闸线圈结构与间隙示意图

（4）恢复状态：取下分闸防动销，分开断路器，使断路器处于分闸状态。

3. 检修注意事项

（1）必须保证断路器远方 / 就地操作断路器处于就地位置，断路器控制电源断开，并插入防动销，防止机械伤害。

（2）如果参数不在厂家规定范围内，机构调整后，必须进行机械特性试验，保证试验结果合格。

作业 8-1　断路器机械特性试验

1. 试验前准备

（1）了解被试设备现场情况及试验条件。

查阅相关技术资料，包括该设备出厂试验数据、历年试验数据及相关规程等，掌握该设备运行及缺陷情况。

（2）测试仪器、设备的准备。

选择合适的断路器机械特性测试仪、测试线、温（湿）度计、接地线、放电棒、万用表、电源盘（带剩余电流保护器）、安全带、安全帽、电工常用工具、试验临时安全遮拦、标示牌等，并查阅测试仪器、设备及绝缘工器具的检定证书有效期。

（3）办理工作票并做好试验现场安全和技术措施。

工作负责人向试验人员交代工作内容、带电部位、现场安全措施、现场作业危险点，明确人员分工及试验程序。

2. 试验步骤

（1）将可调直流电源调至断路器额定操作电压，通过控制断路器机械特性测试仪，在额定操作电压及额定机构压力下对断路器进行分、合操作，测得各相合、分闸动作时间。

（2）三相合闸时间中的最大值与最小值之差即为合闸不同期；三相分闸时间中的最大值与最小值之差即为分闸不同期。

（3）进行断路器动作电压测试，在规定的电压范围内（合闸直流 85%~110%，分闸 65%~110%）分别进行合闸、分闸各三次，断路器可靠动作；测试最低动作电压时，应采用突然加压法，确定断路器最低动作电压在规定的范围内，30% 的控制电压以下断路器分闸可靠不动作。

（4）测试完毕关闭仪器，断开电源，拆除试验测试线。

3. 试验注意事项

（1）机械特性测试仪的输出电源严禁短路。

（2）机械特性测试仪尽可能使用外接电源作为测试电源，防止因为内部电源的电力不足而影响测试结果。采用外接直流电源时，应防止串入站内运行直流系统。

（3）试验时也可采用站内直流电源作为操作电源；对于电磁操动机构，应将合闸合控制线接至合闸接触器线圈回路。

（4）进行断路器低电压特性测试时，加在分、合闸线圈上的操作电压时间不宜过长，防止烧损线圈。

作业 8-2　断路器断口间绝缘电阻

1. 试验前准备

（1）了解被试设备现场情况及试验条件。

查阅相关技术资料，包括该设备出厂试验数据、历年试验数据及相关规程等，掌握该设备运行及缺陷情况。

（2）测试仪器、设备的准备。

选择合适的绝缘电阻表、测试线、温（湿）度计、接地线、放电棒、万用表、电源盘（带剩余电流保护器）、安全带、安全帽、电工常用工具、试验临时安全遮拦、标示牌等，并查阅测试仪器、设备及绝缘工器具的检定证书有效期。

（3）办理工作票并做好试验现场安全和技术措施。

工作负责人向试验人员交代工作内容、带电部位、现场安全措施、现场作业危险点，明确人员分工及试验程序。

2. 试验步骤

（1）将断路器接地放电。放电时应用绝缘棒等工具进行，不得用手碰触放电导线。拆除或断开断路器对外的一切连线。将断路器打至分闸状态。

（2）用干燥清洁柔软的布擦去断路器外绝缘表面的脏污，必要时用无水乙醇等不含水分物质洗净。

（3）将被试相下触头与非被试相短路接地。

（4）检查绝缘电阻表是否正常。若绝缘电阻表正常，将绝缘电阻表的接地端与地线连接，绝缘电阻表的高压端接上测试线，测试线的另一端悬空（不接试品），再次启动绝缘电阻表，绝缘电阻表的指示应无明显差异。

（5）启动绝缘电阻表，将测试线搭上被试相上触头，读取 60s 绝缘电阻值，并做好记录。

（6）断开接至断路器高压端的连接线，然后关闭绝缘电阻表。

（7）断开绝缘电阻表后，对断路器短接放电并接地。

3. 试验注意事项

（1）试验应选用相同电压、相同型号的绝缘电阻表。

（2）测量时宜使用高压屏蔽线且内屏蔽层（或单屏蔽的屏蔽层）应接 G 端子，双屏蔽线外屏蔽应当接地。若无高压屏蔽线，测试线不要与地线缠绕，应尽量悬空。

（3）测量一般应在试品温度为 5~40℃、天气良好的情况下进行，且空气相对湿度不高于 80%。若相对湿度大于 80% 时，应在引出线瓷套上装设屏蔽环（用细铜线或细熔丝紧扎 1~2 圈）并连接到绝缘电阻表屏蔽端子。屏蔽环应接在靠近绝缘电阻表高压端所接的瓷套端子，远离接地部分，以免造成绝缘电阻表过负荷，使端电压急剧降低，影响测量结果。

作业 8-3　真空断路器耐压试验

1. 试验前准备

（1）了解被试设备现场情况及试验条件。

查阅相关技术资料，包括该设备出厂试验数据、历年试验数据及相关规程等，掌握该设备运行及缺陷情况。

（2）测试仪器、设备的准备。

选择合适的成套交流耐压装置、分压器、温（湿）度计、接地线、放电棒、万用表、电源盘（带剩余电流保护器）、安全带、安全帽、电工常用工具、试验临时安全遮拦、标示牌等，并查阅测试仪器、设备及绝缘工器具的检定证书有效期。

（3）办理工作票并做好试验现场安全和技术措施。

工作负责人向试验人员交代工作内容、带电部位、现场安全措施、现场作业危险点，明确人员分工及试验程序。

2.试验步骤

（1）将被试断路器接地放电，拆除或断开断路器对外的一切连线。

（2）测试断路器断口绝缘电阻应正常。

（3）按附图 1 进行接线，检查试验接线正确、调压器零位后，不接试品进行升压，试验过电压保护装置是否正常。

（4）断开试验电源，降低电压为零，将高压引线接上试品，接通电源，开始升压进行试验。

（5）升压必须从零（或接近于零）开始，切不可冲击合闸；升压速度在 75% 试验电压以前，可以是任意的，自 75% 电压开始均匀升压，约为每秒 2% 试验电压的速率升压。升压过程中应密切监视高压回路和仪表指示，监听被试品有何异响。

（6）升至试验电压，开始计时并读取试验电压；时间到后，迅速均匀降压到零（或 1/3 试验电压以下），然后切断电源，放电、挂接地线。

（7）试验中试品未发生闪络、击穿，耐压后不发热，则认为耐压试验通过。

（8）测试绝缘电阻，其值应无明显变化（一般绝缘电阻下降不大于 30%）。

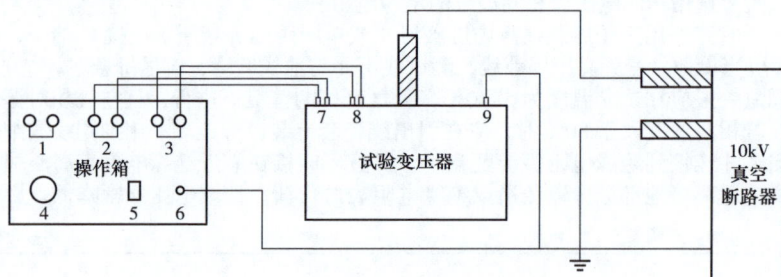

附图 1　断路器交流耐压试验示意接线图

1—电源；2—测量端子；3—输出端子；4—调压器；5—空气开关；
6、9—接地；7—实验测量端子；8—试验输入端子

作业 8-4　电流互感器（干式）绝缘电阻

1.试验前准备

（1）了解被试设备现场情况及试验条件。

查阅相关技术资料，包括该设备出厂试验数据、历年试验数据及相关规程等，掌握该设备运行及缺陷情况。

（2）测试仪器、设备的准备。

选择合适的绝缘电阻表、测试线、温（湿）度计、接地线、放电棒、万用表、电源盘（带剩余电流保护器）、安全带、安全帽、电工常用工具、试验临时安全遮拦、标示牌等，并查阅测试仪器、设备及绝缘工器具的检定证书有效期。

（3）办理工作票并做好试验现场安全和技术措施。

工作负责人向试验人员交代工作内容、带电部位、现场安全措施、现场作业危险点，明确人员分工及试验程序。

2. 试验步骤

（1）测量电流互感器一次绕组对二次绕组及地的绝缘电阻。

将电流互感器一次绕组端子短接后接至绝缘电阻表 L 端，绝缘电阻表 E 端接地，电流互感器的二次绕组及末屏短路接地。经检查接线无误后，启动绝缘电阻表，将 L 端测试线搭上电流互感器高压测试部位，读取第 60s 绝缘电阻值，并做好记录。完成测量后，应先断开接至被试电流互感器高压端的连接线，再关闭绝缘电阻表，对电流互感器测试部位短接放电并接地。

（2）测量电流互感器二次绕组对一次绕组及地的绝缘电阻。

将电流互感器二次绕组端子短接后接至绝缘电阻表 L 端，绝缘电阻表 E 端接地，电流互感器的一次绕组短路接地。检查无误后，启动绝缘电阻表，将绝缘电阻表 L 端连接线搭接测量绕组，读取 60s 绝缘电阻值，并做好记录。断开绝缘电阻表 L 端至测量绕组的连接线，再关闭绝缘电阻表，对所测二次绕组进行短接放电并接地。

3. 试验注意事项

（1）每次试验应选用相同电压、相同型号的绝缘电阻表。

（2）测量时宜使用高压屏蔽线且内屏蔽层（或单屏蔽的屏蔽层）应接 G 端子，双屏蔽的屏蔽线外屏蔽应当接地。若无高压屏蔽线，测试线不要与地线缠绕，应尽量悬空。测试线不能用双股绝缘线和绞线，应用单股线分开单独连接，以免因绞线绝缘不良而引起误差。

（3）试验人员之间应分工明确，测量时应配合默契，测量过程中要大声呼唱。

（4）测量时应在天气良好的情况下进行，且空气相对湿度不高于 80%。若遇天气潮湿、互感器表面脏污，则需要进行"屏蔽"测量，屏蔽是在互感器套管中上部表面用软铜线缠绕几圈，引至绝缘电阻表的屏蔽端（G 端），以消除表面泄漏的影响。

（5）禁止在有雷电或邻近高压设备时使用绝缘电阻表，以免发生危险。

（6）测试电流互感器的绝缘电阻后，切记恢复设备原有的接地。

作业 8-5　电压互感器绝缘电阻

1. 试验前准备

（1）了解被试设备现场情况及试验条件．

查阅相关技术资料，包括该设备出厂试验数据、历年试验数据及相关规程等，掌握该设备运行及缺陷情况。

（2）测试仪器、设备的准备。

选择合适的绝缘电阻表、测试线、温（湿）度计、接地线、放电棒、万用表、电源盘（带剩余电流保护器）、安全带、安全帽、电工常用工具、试验临时安全遮拦、标示牌等，并查阅测试仪器、设备及绝缘工器具的检定证书有效期。

（3）办理工作票并做好试验现场安全和技术措施。

工作负责人向试验人员交代工作内容、带电部位、现场安全措施、现场作业危险点，明确人员分工及试验程序。

2. 试验步骤

（1）测量电压互感器一次绕组对二次绕组及地的绝缘电阻。

将电压互感器一次绕组尾端接至绝缘电阻表 L 端，绝缘电阻表 E 端接地，电压互感器的二次绕组短路接地。经检查接线无误后，启动绝缘电阻表，将 L 端测试线搭上电压互感器高压测试部位，读取第 60s 绝缘电阻值，并做好记录。完成测量后，应先断开接至被试电压互感器高压端的连接线，再关闭绝缘电阻表，对电压互感器测试部位短接放电并接地。

（2）测量电压互感器二次绕组对一次绕组及地，二次绕组之间的绝缘电阻。

将电压互感器二次绕组分别短路，绝缘电阻表 L 端接测量绕组，E 端接地非测量绕组接地。检查无误后，启动绝缘电阻表，将绝缘电阻表 L 端连接线搭接测量绕组，读取 60s 绝缘电阻值，并做好记录。断开绝缘电阻表 L 端至测量绕组的连接线，再关闭绝缘电阻表，对所测二次绕组进行短接放电并接地。电压互感器二次绕组的每一组都要分别进行测量，直至所有绕组测量完毕。

（3）恢复所有连接片及接线。

3. 试验注意事项

（1）每次试验应选用相同电压、相同型号的绝缘电阻表。

（2）测量时宜使用高压屏蔽线且内屏蔽层（或单屏蔽的屏蔽层）应接 G 端子，双屏蔽的屏蔽线外屏蔽应当接地。若无高压屏蔽线，测试线不要与地线缠绕，应尽量悬空。测试线不能用双股绝缘线和绞线，应用单股线分开单独连接，以免因绞线绝缘不良而引起误差。

（3）试验人员之间应分工明确，测量时应配合默契，测量过程中要大声呼唱。

（4）测量时应在天气良好的情况下进行，且空气相对湿度不高于 80%。若遇天气潮湿、互感器表面脏污，则需要进行"屏蔽"测量，屏蔽是在互感器套管中上部表面用软铜线缠绕几圈，引至绝缘电阻表的屏蔽端（G 端），以消除表面泄漏的影响。

（5）禁止在有雷电或邻近高压设备时使用绝缘电阻表，以免发生危险。

（6）测试电压互感器 N 点绝缘的绝缘电阻后，切记恢复设备原有的接地。

（7）将 N 点接地解开时，应解开接地端，不要解开 N 端，以免造成芯线断裂。

作业 8-6　避雷器直流 1mA（U_{1mA}）及 $0.75U_{1mA}$ 下的泄漏电流试验

1. 试验前准备
（1）了解被试设备现场情况及试验条件。 　查阅相关技术资料，包括该设备出厂试验数据、历年试验数据及相关规程等，掌握该设备运行及缺陷情况。 （2）测试仪器、设备的准备。 　选择合适的直流高压发生器、绝缘杆、测试线、万用表、温（湿）度计、屏蔽线、放电棒、接地线、梯子、安全带、安全帽、电工常用工具、试验临时安全遮拦、标示牌等，对于电压等级较高的避雷器还需高空作业车，并查阅测试仪器、设备及绝缘工器具的检定证书有效期。 （3）办理工作票并做好试验现场安全和技术措施。 　工作负责人向试验人员交代工作内容、带电部位、现场安全措施、现场作业危险点，明确人员分工及试验程序。
2. 试验步骤
（1）将避雷器接地放电时应用绝缘棒等工具进行，不得用手碰触放电导线。拆除或断开被试避雷器对外的一切接线。 （2）用干净清洁柔软的布擦去被试品表面的污垢。 （3）被试品一端接高压线，下法兰可靠接地，检查测试接线正确后，拆除被试品放电时的接地线，准备试验。通知其他人员远离被试品并监护。 （4）确认电压输出在零位，进行高声呼唱，接通电源，然后缓慢地升高电压到规定的试验电压值。升压过程中注意观察测试进度，随时警戒异常情况的发生。当电流达到 1mA 时，读取并记录电压值 U_{1mA} 后，降压到零。 （5）计算 $0.75U_{1mA}$ 的值。 （6）测量 $0.75U_{1mA}$ 下的泄漏电流值。重新接通电源，然后缓慢地升高电压，升压过程中注意观察测试进度，随时警戒异常情况的发生，直流电压升至 $0.75U_{1mA}$，读取并记录泄漏电流值后，降压至零。 （7）待电压表指示基本为零时，断开试验电源，用带限流电阻的放电棒对避雷器充分放电，挂接地线。分析试验数据。 （8）拆除试验所接的引线，整理现场。
3. 试验注意事项
（1）历年测试尽量选用相同电压、相同型号的测试仪器。 （2）直流 U_{1mA} 测试前，应先测试绝缘电阻，其值应正常。 （3）为了防止外绝缘的闪络和易于发现绝缘受潮等缺陷，避雷器直流 U_{1mA} 测试通常采用负极性直流电压。 （4）因泄漏电流大于 200μA 以后，随电压的升高，电流将急剧增大，故应放慢升压速度，当直流达到 1mA 时，准确地读取相应的电压 U_{1mA}。

（5）由于无间隙金属氧化物避雷器表面的泄漏原因，在试验时应尽可能地将避雷器瓷套表面擦拭干净。如果由于受潮或脏污等原因使 U_{1mA} 电压数据异常，应在靠近避雷器加压端的瓷套表面装一个屏蔽环。测量泄漏电流的导线应使用屏蔽线，屏蔽线要封口，测试线与避雷器的夹角应尽量大。

（6）注意被试品周围的其他物件对试验结果的影响，其他物件对被试品保持足够的安全距离。

（7）直流高压的测量应在高压侧进行，测量系统应经过校验，测量误差不应大于 2%。

（8）试验回路的接地应在被试品处选取。

作业 8-7 避雷器底座绝缘电阻

1. 试验前准备

（1）了解被试设备现场情况及试验条件。

查阅相关技术资料，包括该设备出厂试验数据、历年试验数据及相关规程等，掌握该设备运行及缺陷情况。

（2）测试仪器、设备的准备。

选择绝缘电阻测试仪、温（湿）度计、接地线、电源线（带剩余电流动作保护器）、安全带、安全帽、电工常用工具、试验临时安全遮拦、标示牌等，并查阅测试仪器、设备及绝缘工器具的检定证书有效期、相关技术资料、相关规程等。

（3）办理工作票并做好试验现场安全和技术措施。

工作负责人向试验人员交代工作内容、带电部位、现场安全措施、现场作业危险点，明确人员分工及试验程序。

2. 试验步骤

（1）将避雷器接地放电，放电时应用绝缘棒等工具进行，不得用手碰触放电导线。拆除或断开被试避雷器对外的一切连线。

（2）检查绝缘电阻表是否正常，若绝缘电阻表正常，将绝缘电阻表的接地端与避雷器的地线连接，绝缘电阻表的高压端接上测试线，测试线的另一端悬空（不接试品），启动绝缘电阻表，绝缘电阻表的指示应无明显差异。

（3）拆除放电计数器的上端引线，进行测试接线，经检查无误后，将测试线搭上避雷器高压端，读取第 60s 绝缘电阻值，并做好记录。

（4）读取绝缘电阻后，应先断开接至被试品端的连接线，后断开仪器端的连接线。

（5）对避雷器测试部位放电并接地。

3. 试验注意事项

（1）历年测试尽量选用相同电压、相同型号的绝缘电阻表。

（2）测量时宜使用高压屏蔽线且屏蔽层接地。被试品上的屏蔽环应接近加压的相线而远离接地部分，减小屏蔽对地的表面泄漏。屏蔽环可用软铜丝或熔丝紧缠几圈而成。若无高压屏蔽线，测试线不要与地线缠绕，应尽量悬空。测试线不能用双股绝缘线和绞线，应用单股线分开单独连线，以免因绞线绝缘不良而引起误差。

（3）试验人员之间应分工明确，测量时应配合默契，测量过程中要大声读数。

（4）测量时应在天气良好的情况下进行，且空气相对湿度不高于80%。若遇天气潮湿、被试品表面脏污，则需要进行屏蔽。若测试的绝缘电阻值过低或三相不平衡时，查明原因。

作业 8-8　避雷器放电计数器校验

1. 试验前准备

（1）了解被试设备现场情况及试验条件。

查阅相关技术资料，包括该设备出厂试验数据、历年试验数据及相关规程等，掌握该设备运行及缺陷情况。

（2）测试仪器、设备的准备。

选择合适的放电计数器校验仪、温（湿）度计、接地线、安全带、安全帽、电工常用工具、试验临时安全遮拦、标示牌等，并查阅测试仪器、设备及绝缘工器具的检定证书有效期、相关技术资料、相关规程等。

（3）办理工作票并做好试验现场安全和技术措施。

工作负责人向试验人员交代工作内容、带电部位、现场安全措施、现场作业危险点，明确人员分工及试验程序。

2. 试验步骤

（1）将放电计数器测试仪的接地端接地，测试线接计数器的上端。

（2）打开电源开关，检查无误后，长按测试仪面板上的动作计数器按钮，使冲击电流发生的冲击电流作用于放电计数器，记录动作情况。

（3）测试 3~5 次，每次时间间隔不少于 30s。

（4）测试完毕对被试设备充分放电，记录试验数据。

3. 试验注意事项

（1）记录放电计数器试验前后的放电指示数值。

（2）检查放电计数器不存在破损或内部积水现象。

（3）带有泄漏电流表的计数器，在试验时应检验泄漏电流表的准确性。

作业 8-9 所变（干式）直流电阻

1. 试验前准备
（1）了解被试设备现场情况及试验条件。 　查阅相关技术资料，包括该设备出厂试验数据、历年试验数据及相关规程等，掌握该设备运行及缺陷情况。 （2）测试仪器、设备的准备。 　选择合适的直流电阻测试仪、测试线（夹）、温（湿）度计、接地线、放电棒、万用表、电源盘（带剩余电流保护器）、安全带、安全帽、电工常用工具、试验临时安全遮拦、标示牌等，并查阅测试仪器、设备及绝缘工器具的检定证书有效期。 （3）办理工作票并做好试验现场安全和技术措施。 　工作负责人向试验人员交代工作内容、带电部位、现场安全措施、现场作业危险点，明确人员分工及试验程序。
2. 试验步骤
（1）拆除变压器高压套管引线。 （2）将被测触头表面擦干净，按照试验接线进行连接，检查无误后，开始试验。 （3）打开直流电阻测试仪，选择测试电流为自动，进行测量，读取稳定后的直流电阻值。 （4）测试完毕后进行放电，恢复变压器套管引线，整理试验现场环境。 1）测试放电。 　仪器测试完毕进行复位按钮进行放电，当"滴滴滴"声结束，表示放电完毕，关闭仪器电源，拉开电源开关。 2）被试设备放电。 　对被试品进行放电需在仪器、电源断开后，用放电棒对被试品高压端进行放电，放电完毕进行短路接地。
3. 试验注意事项
（1）三相变压器有中性点引出线时，应测量各相绕组的电阻；无中性点引出线时，可以测量线间电阻。 （2）残余电荷的影响。若变压器在上一次试验后，放电时间不充分，变压器内积聚的电荷没有放净，仍积滞有一定的残余电荷，对变压器的充电时间会有直接影响。 （3）温度对直流电阻影响很大，应准确记录被试绕组的温度。测量必须在绕组温度稳定的情况下进行。要求绕组与环境温度相差不超过 $3℃$，测量时应记录环境温度。

作业 8-10 所变（干式）绕组绝缘电阻

1. 试验前准备
（1）了解被试设备现场情况及试验条件。 　查阅相关技术资料，包括该设备出厂试验数据、历年试验数据及相关规程等，掌握该设备运行及缺陷情况。 （2）测试仪器、设备的准备。 　选择合适的绝缘电阻表、测试线、温（湿）度计、接地线、放电棒、万用表、电源盘（带剩余电流保护器）、安全带、安全帽、电工常用工具、试验临时安全遮拦、标示牌等，并查阅测试仪器、设备及绝缘工器具的检定证书有效期。 （3）办理工作票并做好试验现场安全和技术措施。 　工作负责人向试验人员交代工作内容、带电部位、现场安全措施、现场作业危险点，明确人员分工及试验程序。

2. 试验步骤
（1）测量变压器一次绕组对二次绕组及地的绝缘电阻。 　将变压器一次绕组端子短接后接至绝缘电阻表 L 端，绝缘电阻表 E 端接地，变压器的二次绕组短路接地。经检查接线无误后，启动绝缘电阻表，将 L 端测试线搭上变压器高压测试部位，读取第 60s 绝缘电阻值，并做好记录。完成测量后，应先断开接至被试变压器高压端的连接线，再关闭绝缘电阻表，对变压器测试部位短接放电并接地。 （2）测量变压器二次绕组对一次绕组及地的绝缘电阻。 　将变压器二次绕组端子短接后接至绝缘电阻表 L 端，绝缘电阻表 E 端接地，变压器的一次绕组短路接地。检查无误后，启动绝缘电阻表，将绝缘电阻表 L 端连接线搭接测量绕组，读取 60s 绝缘电阻值，并做好记录。断开绝缘电阻表 L 端至测量绕组的连接线，再关闭绝缘电阻表，对所测二次绕组进行短接放电并接地。

3. 试验注意事项
（1）每次试验应选用相同电压、相同型号的绝缘电阻表。 （2）测量时宜使用高压屏蔽线且内屏蔽层（或单屏蔽的屏蔽层）应接 G 端子，双屏蔽的屏蔽线外屏蔽应当接地。若无高压屏蔽线，测试线不要与地线缠绕，应尽量悬空。测试线不能用双股绝缘线和绞线，应用单股线分开单独连接，以免因绞线绝缘不良而引起误差。 （3）试验人员之间应分工明确，测量时应配合默契，测量过程中要大声呼唱。 （4）测量时应在天气良好的情况下进行，且空气相对湿度不高于 80%。若遇天气潮湿、表面脏污，则需要进行"屏蔽"测量，屏蔽是在套管中上部表面用软铜线缠绕几圈，引至绝缘电阻表的屏蔽端（G 端），以消除表面泄漏的影响。 （5）禁止在有雷电或邻近高压设备时使用绝缘电阻表，以免发生危险。

作业 8-11　所变（干式）铁芯绝缘电阻

1. 试验前准备
（1）了解被试设备现场情况及试验条件。 查阅相关技术资料，包括该设备出厂试验数据、历年试验数据及相关规程等，掌握该设备运行及缺陷情况。 （2）测试仪器、设备的准备。 选择合适的绝缘电阻表、测试线、温（湿）度计、接地线、放电棒、万用表、电源盘（带剩余电流保护器）、安全带、安全帽、电工常用工具、试验临时安全遮拦、标示牌等，并查阅测试仪器、设备及绝缘工器具的检定证书有效期。 （3）办理工作票并做好试验现场安全和技术措施。 工作负责人向试验人员交代工作内容、带电部位、现场安全措施、现场作业危险点，明确人员分工及试验程序。
2. 试验步骤
（1）将变压器接地放电，放电时应用绝缘棒等工具进行，不得用手碰触放电导线。拆除或断开被试变压器对外的一切连线。 （2）检查绝缘电阻表是否正常，若绝缘电阻表正常，将绝缘电阻表的接地端与地线连接，绝缘电阻表的高压端接上测试线，测试线的另一端悬空（不接试品），启动绝缘电阻表，绝缘电阻表的指示应无明显差异。 （3）拆除铁芯的对地引线。将测试线搭上铁芯端子，经检查无误后，启动绝缘电阻表，读取第 60s 绝缘电阻值，并做好记录。 （4）读取绝缘电阻后，应先断开接至被试品端的连接线，后断开仪器端的连接线。 （5）对铁芯部位放电并接地。
3. 试验注意事项
（1）每次试验应选用相同电压、相同型号的绝缘电阻表。 （2）测量时宜使用高压屏蔽线且内屏蔽层（或单屏蔽的屏蔽层）应接 G 端子，双屏蔽的屏蔽线外屏蔽应当接地。若无高压屏蔽线，测试线不要与地线缠绕，应尽量悬空。测试线不能用双股绝缘线和绞线，应用单股线分开单独连接，以免因绞线绝缘不良而引起误差。 （3）试验人员之间应分工明确，测量时应配合默契，测量过程中要大声呼唱。 （4）禁止在有雷电或邻近高压设备时使用绝缘电阻表，以免发生危险。

作业 8-12　电容器电容量

1. 试验前准备
（1）了解被试设备现场情况及试验条件。 　查阅相关技术资料，包括该设备出厂试验数据、历年试验数据及相关规程等，掌握该设备运行及缺陷情况。 （2）测试仪器、设备的准备。 　选择合适的电容电感测试仪、测试线、温（湿）度计、接地线、放电棒、万用表、电源盘（带剩余电流保护器）、安全带、安全帽、电工常用工具、试验临时安全遮拦、标示牌等，并查阅测试仪器、设备及绝缘工器具的检定证书有效期。 （3）办理工作票并做好试验现场安全和技术措施。 　工作负责人向试验人员交代工作内容、带电部位、现场安全措施、现场作业危险点，明确人员分工及试验程序。
2. 试验步骤
（1）测试前，应对被试电容器组逐个多次放电并接地，拆除所有外部引线。 （2）开启电容电感测试仪，将电压接线分别接在电容器两端触头上，钳形电流表夹在任一触头上。 （3）打开测试开关进行测试，读取数据，进行记录。
3. 试验注意事项
（1）运行中的设备停电后应先放电，再将高压引线拆除后测量，否则将引起测量误差。 （2）进行电容器电容量测试时，应避免通过熔丝测量。如有内置熔丝，应注意测试电流的大小。

作业 8-13　电容器绝缘电阻

1. 试验前准备
（1）了解被试设备现场情况及试验条件。 　查阅相关技术资料，包括该设备出厂试验数据、历年试验数据及相关规程等，掌握该设备运行及缺陷情况。 （2）测试仪器、设备的准备。 　选择合适的绝缘电阻表、测试线、温（湿）度计、接地线、放电棒、万用表、电源盘（带剩余电流保护器）、安全带、安全帽、电工常用工具、试验临时安全遮拦、标示牌等，并查阅测试仪器、设备及绝缘工器具的检定证书有效期。

（3）办理工作票并做好试验现场安全和技术措施。

工作负责人向试验人员交代工作内容、带电部位、现场安全措施、现场作业危险点，明确人员分工及试验程序。

2.试验步骤
（1）将电容器逐一放电并接地，放电时应用绝缘棒等工具进行，不得用手碰触放电导线。拆除或断开被试电容器对外的一切连线。 （2）检查绝缘电阻表是否正常，若绝缘电阻表正常，将绝缘电阻表的接地端与地线连接，绝缘电阻表的高压端接上测试线，测试线的另一端悬空（不接试品），启动绝缘电阻表，绝缘电阻表的指示应无明显差异。 （3）将电容器两个触头短接，将电容器外壳接地。将测试线搭上电容器触头，经检查无误后，启动绝缘电阻表，读取第60s绝缘电阻值，并做好记录。 （4）读取绝缘电阻后，应先断开接至被试品端的连接线，后断开仪器端的连接线。

3.试验注意事项
（1）每次试验应选用相同电压、相同型号的绝缘电阻表。 （2）测量时宜使用高压屏蔽线且内屏蔽层应接G端子，双屏蔽的屏蔽线外屏蔽应当接地。若无高压屏蔽线，测试线不要与地线缠绕，应尽量悬空。测试线不能用双股绝缘线和绞线，应用单股线分开单独连接，以免因绞线绝缘不良而引起误差。 （3）试验人员之间应分工明确，测量时应配合默契，测量过程中要大声呼唱。 （4）禁止在有雷电或邻近高压设备时使用绝缘电阻表，以免发生危险。

📖 作业 8-14　串联电抗器直流电阻

1.试验前准备
（1）了解被试设备现场情况及试验条件。 查阅相关技术资料，包括该设备出厂试验数据、历年试验数据及相关规程等，掌握该设备运行及缺陷情况。 （2）测试仪器、设备的准备。 选择合适的直流电阻测试仪、测试线（夹）、温（湿）度计、接地线、放电棒、万用表、电源盘（带剩余电流保护器）、安全带、安全帽、电工常用工具、试验临时安全遮拦、标示牌等，并查阅测试仪器、设备及绝缘工器具的检定证书有效期。 （3）办理工作票并做好试验现场安全和技术措施。 工作负责人向试验人员交代工作内容、带电部位、现场安全措施、现场作业危险点，明确人员分工及试验程序。

2. 试验步骤

（1）拆除串联电抗器两端引线。

（2）将串联电抗器两端触头表面擦干净，将仪器输入端与输出端分别接至串联电抗器两端触头，检查无误后，开始试验。

（3）打开直流电阻测试仪，选择测试电流为自动，进行测量，读取稳定后的直流电阻值。

（4）测试完毕后进行放电，整理试验现场环境。

1）测试放电。

仪器测试完毕进行复位按钮进行放电，当"滴滴滴"声结束，表示放电完毕，关闭仪器电源，拉开电源开关。

2）被试设备放电。

对被试品进行放电需在仪器、电源断开后，用放电棒对被试品高压端进行放电，放电完毕进行短路接地。

3. 试验注意事项

（1）使用直流电阻测试仪在接线时要注意仪器接线柱的电压极、电流极。

（2）使用的电源应电压稳定、容量充足，以防止由于电流波动产生自感电动势而影响测量的准确性。

（3）试验电流不得大于被测电阻额定电流的 20%，且通电时间不宜过长，以减小被测电阻因发热而产生较大误差。

作业 8-15　串联电抗器绝缘电阻

1. 试验前准备

（1）了解被试设备现场情况及试验条件。

查阅相关技术资料，包括该设备出厂试验数据、历年试验数据及相关规程等，掌握该设备运行及缺陷情况。

（2）测试仪器、设备的准备。

选择合适的绝缘电阻表、测试线、温（湿）度计、接地线、放电棒、万用表、电源盘（带剩余电流保护器）、安全带、安全帽、电工常用工具、试验临时安全遮拦、标示牌等，并查阅测试仪器、设备及绝缘工器具的检定证书有效期。

（3）办理工作票并做好试验现场安全和技术措施。

工作负责人向试验人员交代工作内容、带电部位、现场安全措施、现场作业危险点，明确人员分工及试验程序。

2.试验步骤

（1）将串联电抗器放电并接地，放电时应用绝缘棒等工具进行，不得用手碰触放电导线。拆除或断开串联电抗器对外的一切连线。

（2）检查绝缘电阻表是否正常，若绝缘电阻表正常，将绝缘电阻表的接地端与地线连接，绝缘电阻表的高压端接上测试线，测试线的另一端悬空（不接试品），启动绝缘电阻表，绝缘电阻表的指示应无明显差异。

（3）将串联电抗器两个触头短接。将测试线搭上串联电抗器触头，经检查无误后，启动绝缘电阻表，读取第60s绝缘电阻值，并做好记录。

（4）读取绝缘电阻后，应先断开接至被试品端的连接线，后断开仪器端的连接线。

3.试验注意事项

（1）每次试验应选用相同电压、相同型号的绝缘电阻表。

（2）测量时宜使用高压屏蔽线且内屏蔽层应接 G 端子，双屏蔽的屏蔽线外屏蔽应当接地。若无高压屏蔽线，测试线不要与地线缠绕，应尽量悬空。测试线不能用双股绝缘线和绞线，应用单股线分开单独连接，以免因绞线绝缘不良而引起误差。

（3）试验人员之间应分工明确，测量时应配合默契，测量过程中要大声呼唱。

（4）禁止在有雷电或邻近高压设备时使用绝缘电阻表，以免发生危险。

作业 8-16　全回路电阻测试

1.检修前准备

（1）查看上次检修或基建全回路数据。

（2）检修工具准备。

选择合适的检修工器具、回路电阻仪、电缆接地线，编制标准作业卡。

（3）办理工作票并做好检修现场安全和技术措施。

工作负责人（或专业负责人）向检修人员交代工作内容、带电部位、现场安全措施、现场作业危险点，明确人员分工及检修程序。

2.检修步骤

（1）选择全回路电阻公共端。通常来说，公共端一般参照上次检修记录选择，若无，则选择在主变压器低压侧进线处铜排裸露无电的位置，方便测试，严禁选取冷备用或者带电柜内设备作为公共端。

（2）将公共端（以主变压器低压侧进线处裸露母线为例）相对应的开关手车和过渡手车推至运行位置，合闸，并将回路电阻仪一端的接地连接至此处。

（3）短时解除停役母线临时接地，并在接地线管控表格上记录。

（4）依次选取各间隔出线电缆处为测量端，并在此处加挂电缆接地线。

（5）分开选定线路的线路接地开关，将线路开关手车推至运行位置，合上整个测量回路中所有断路器（保证整体回路通路），并查看机械指示和电气指示，确保分合闸到位。

（6）使用回路电阻测试仪（电流不少于100A）对回路进行三相全回路电阻测试，测试夹分别夹在公共端和测量端，测量时注意公共端和测量端同相，如附图1和附图2所示。

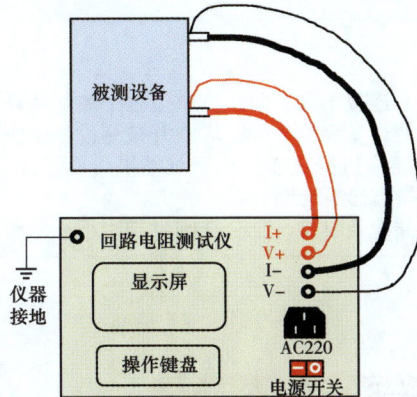

附图 1　回路电阻测试仪

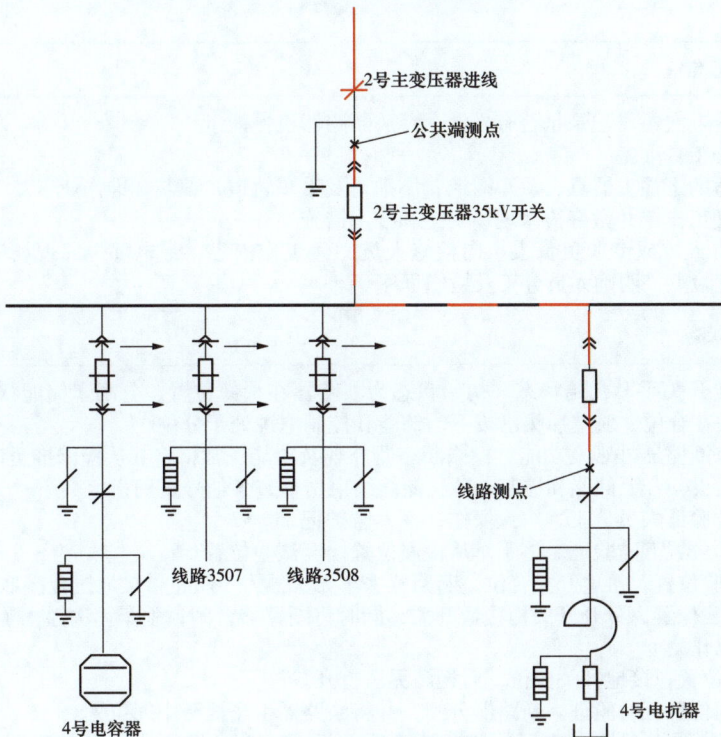

附图 2　全回路电阻测试选点

（7）与出厂试验值或最近依次检修进行对比，电阻数值满足厂家技术要求，并记录在执行卡上，履行签字确认手续。

（8）状态恢复至初始状态，分开相应开关并将手车拉至检修位置，恢复线路接地开关，继续其他线路测试；待全部测试结束后，将所有开关拉至检修位置，恢复母线接地，整体状态恢复至许可状态。

3. 检修注意事项

（1）测试线应接触良好、连接牢固，防止测试过程中突然断开。

（2）测试时，为防止被测设备突然分闸，应断开被测设备操作回路的电源。

（3）将测试结果与规程要求进行比较，当测试结果出现异常时，应与同类设备、同设备的不同相间进行比较，作出诊断结论。

（4）测试过程中断路器储能及时拉合，分合闸过程中小心操作，防止机械伤害。

作业 8-17　五防功能验证

1. 检修前准备

（1）查看上次检修记录是否有异常，释放断路器机械能量。

（2）检修工具准备。

选择合适的运检工器具、手车摇柄、小推车及手车轨道，编制标准作业卡。

（3）办理工作票并做好检修现场安全和技术措施。

工作负责人（或专业负责人）向检修人员交代工作内容、带电部位、现场安全措施、现场作业危险点，明确人员分工及检修程序。

2. 检修步骤

（1）确定开关手车初始状态。初始状态为断路器在检修位置、分闸未储能状态，开关柜接地开关在合位，航空插头已拔下，储能和控制电源处于分位。

（2）检修断路器外观及功能。检修断路器外观及功能正常，将其从检修推至试验位置，插上二次插头，合上储能和控制电源，储能结束，检查各信号正确指示。

（3）五防验证人员分工，一人操作，一人监护记录。

（4）试验位置五防验证。将手车从检修位置摇至试验位置。

1）在试验位置，接地开关合位，断路器手车无法摇入（防止带接地线合接地开关）。

2）在试验位置，分开开关柜接地开关，同时将断路器合闸，手车无法摇入（防止带接地线合接地开关）。

3）试验位置，接地开关分位，后柜门无法打开。

（5）中间位置五防验证。断路器分闸，并将断路器手车摇至中间位置。

1）将断路器手车摇至中间位置，接地开关无法合闸（防止带电挂接地线或合接地开关）。

2）将断路器手车摇中间位置，接地开关无法合闸（防止误分、误合断路器）。

（6）工作位置五防验证。断路器分闸，并将断路器手车从中间位置摇至工作位置。

1）工作位置，接地开关无法合闸（防止带电挂接地线或合接地开关）。

2）工作位置，二次插头无法拔下（防止误拔二次航空插头）。

3）工作位置，开关合位，手车无法摇出（防止带负荷分合隔离开关）。

（7）断路器分闸，并将手车从工作位置摇至检修位置。

（8）恢复初始状态。将断路器分闸，取下二次航空插头，保持断路器手车在检修位置，释放机械能量，合上接地开关，断开操作和储能电源。

3. 检修注意事项

（1）断路器手车移动过程中，注意均匀受力，防止倾倒。

（2）断路器手车在验证过程中，注意弹簧机械能量的释放，防止机械伤人。

（3）通用五防验证后，对于个别特殊的断路器或开关柜五防，应一一验证。

（4）测试过程中，发现有不满足基本五防要求的，注意记录上报，改正留底。

参考答案

任务 1　认识 GIS 综合检修作业

问题一　变电站检修的对象包括（　　）。

A. 隔离开关　　　　　B. 排水管道　　　　C. 断路器　　　　D. 组合电器

【答】ACD

问题二　GIS 变电站检修的特点包括（　　）。

A. 涉及部门多　　　B. 管控协调精细　　C. 全流程互动　　　D. 单一性

【答】ABC

任务 2　综合检修作业标准化流程

问题一　GIS 变电站综合检修全流程不包括（　　）。

A. 前期管控　　　　B. 反措执行　　　　C. 现场踏勘　　　D. 方案编写

【答】B

问题二　综合检修中一次零部件不包括（　　）。

A. 设备线夹　　　　B. 导线　　　　　　C. 继电器　　　　D. 铜排

【答】C

问题三　班组承载力分析中，基础数据来源为（　　）。

A. 班组历史月度工作计划　　　　　　　B. 计划专职本月计划

C. 年度工作计划　　　　　　　　　　　D. 调度专职下周预排工作计划

【答】C

任务 4 明确三层交底

问题一 保证作业安全的组织措施有哪些?

【答】包括现场勘察制度、工作票制度、工作许可制度、工作监护制度、工作间断、转移和终结制度等。

问题二 保证作业安全的技术措施有哪些?

【答】包括停电、验电、接地、悬挂标示牌和装设遮拦（围栏）等。

任务 5 常规仪器的规范使用

问题一 下列与 GIS 断路器试验有关的测试仪器有（　　）。

A. SF_6 密度继电器校验仪　　　　　　B. SF_6 分解物测试仪

C. 回路电阻仪　　　　　　　　　　　D. 介质损耗测试仪

【答】ABC

问题二 检查设备绝缘状态最简便的辅助方法是（　　）。

A. 测试直阻　　　　　　　　　　　　B. 测量绝缘电阻

C. 断路器特性试验　　　　　　　　　D. 镀层检测

【答】B

任务 6 220kV 停单母 + 轮停线路及主变压器检修

问题一 弹簧机构关键参数测量时需使用（　　）。

A. 钢卷尺　　　　B. 塞尺　　　　C. 皮卷尺　　　　D. 直角尺

【答】B

问题二 在 GIS 开关室内进行微水测试时，应检测含氧量不低于（　　）。

A.15%　　　　　B.16%　　　　　C.17%　　　　　D.18%

【答】D

问题三 如何防范有限空间作业风险?

【答】

（1）GIS 防尘棚内部工作，严格遵守"先通风、再检测、后作业"的原则，测试含氧量应不低于 18% 方可进入。

（2）作业过程中应当保持通风装置运转，气室开盖后，卷起底部篷布加强通风；

（3）作业过程中，发现 GIS 防尘棚内部有限空间气体环境发生不良变化、安全防护措施失效和其他异常情况时，监护人员应立即向作业人员发出撤离警报，并采取措施协助人员撤离。

任务 7　110kV 停单母及该母线上线路

问题一　110kV 停单母 + 该母线上线路检修停役方式下，哪些隔离开关和接地开关禁止操作？有什么措施防止其动作？

【答】以第一阶段为例，来电侧的 1 号主变压器 110kV 主变压器隔离开关、110kV Ⅰ、Ⅱ 段母分断路器 2 号隔离开关禁止操作，1 号主变压器断路器主变压器侧接地开关、110kV Ⅰ、Ⅱ 段母分断路器 2 号接地开关禁止操作。措施：在禁动隔离开关的操作把手上挂"禁止合闸，有人工作"标示牌，在禁动接地开关的操作把手上贴红胶布，拉开禁动隔离开关、接地开关的操作电源空气开关并贴上红胶布。

问题二　当厂家无具体要求时，气室抽真空应按照什么规定进行？

【答】设备抽真空时真空度抽至 133Pa 后，再抽真空 0.5h，静置 0.5h，记录真空度 A，再静置 5h 后测量真空度 B，要求 $B-A \leqslant 133$Pa，否则应检漏。

任务 8　35kV 母线轮停

问题一　35kV 母线轮停时（以任务 8 为例），35kV 母分开关柜与 35kV 母分过渡柜之间的母线（铜排）安排在那个阶段检修，为什么？

答：一般在两个阶段都做安排，第一阶段安排 35kV 母分开关柜下柜的母线检修，第二阶段安排 35kV 母分过渡柜下柜的母线检修。因为只有在第一阶段停电时，35kV 母分开关柜内母线仓保证停电，在第二阶段停电时，35kV 母分过渡柜内母线仓保证停电。这样在拆开相应后柜门时，防止母线仓与后柜存在联通导致人身触电。

任务 13

问题一　任务 11 中吸附剂罩更换，参照的是哪条反措？

【答】《国家电网有限公司十八项电网重大反事故措施（修订版）》12.2.1.8 吸附剂罩的材质应选用不锈钢或其他高强度材料，结构应设计合理。吸附剂应选用不易粉化的材料并装于专用袋中，绑扎牢固。

参考文献

［1］《国家电网有限公司十八项电网重大反事故措施（修订版）》

［2］《国家电网公司变电检修管理规定》

［3］《国家电网公司变电检测管理规定》

［4］《组合电器全过程质量管控提升措施》

［5］Q/GDW 1168—2013 输变电设备状态检修试验规程

［6］DL/T 474.1—2018 现场绝缘试验实施导则 绝缘电阻、吸收比和极化指数试验

［7］DL/T 474.2—2018 现场绝缘试验实施导则 直流高电压试验

［8］DL/T 474.3—2018 现场绝缘试验实施导则 介质损耗因数 $\tan\delta$ 试验

［9］DL/T 474.4—2006 现场绝缘试验实施导则 交流耐压试验

［10］DL/T 474.5—2018 现场绝缘试验实施导则 避雷器试验